广州白云国际会议中心国际会堂及配套工程系列丛书

云山叠景
广州白云国际会议中心国际会堂

越秀集团　编著

中国建筑工业出版社

广州白云国际会议中心国际会堂

总顾问：何镜堂

组委会

主　任：张招兴

副主任：林昭远　林　峰　黄维纲

委　员：陈志飞　王文敏　杜凤君　江国雄　王荣涛　洪国兵　李智国

编委会

主　任：黄维纲　郭秀瑾

副主任：季进明　李力威　梁伟文　马志斌　张振辉　张　涛　范跃虹

委　员：张　黎　唐昊玲　胡德生　钟大雅　梁灵云　何炽立　闫志刚
　　　　郑　旸　胡展鸿　刘　涛　孙　霆　欧建聪　苏艳桃　李　凡
　　　　王立刚　史梦霞　谢敏奇　王墨岑　陈成谦　杭进峰　刘航航
　　　　李兆楠

序言 Foreword

广州白云国际会议中心国际会堂是广州增强国际交往城市功能的重要设施，是广州对外展示的一张靓丽名片。参与国际会堂的设计与建造，既是光荣使命，也是重大责任。

一个好的建筑创作必须有好的创作思想和理念，我们从大量的建筑创作实践中总结出"两观三性"论，在国际会堂设计中，我们以此为理论指导，提出"云山叠景"总体设计构思，注重对地域性、文化性、时代性的发掘与融合；注重在时空文脉上的整体观和可持续发展观，充分彰显中国文化底蕴、岭南地域特征、时代发展主题，打造内外通透、功能复合、开放共享、现代典雅的新时代岭南会议建筑新地标。

国际会堂是一座功能完备的现代化会议建筑。功能布局合理、高效，设置了大、中、小型各类会议厅室，并相应配备了完备的服务空间及机电设备，能够满足各种专业会议的使用需求。作为一个专业的大型会议场所，国际会堂的建成将助力广州国际交流城市功能的提升。

国际会堂的建筑与云山景观高度融合。结合白云新城独具特色的"青山入城"的山城融合格局，会堂作为核心建筑，统筹周边场域，建立中正布局，设置立体景台。建筑形制融合了中华典范和岭南园林特色，建筑造型重檐出挑、舒展飞扬，充分彰显了大国气度和岭南特色，创造了多个可观云山胜景的景观平台，塑造了云山观景台的特色场所。

国际会堂营造了情景交融、开放共享的园林化会议空间模式。富有岭南韵味的内部庭院和屋面平台等户外活动休憩空间与室内公共及会议空间紧密结合、通透交融，极大提升了会议建筑的岭南园林景观特色体验，塑造了当代岭南会议建筑的空间新模式。

国际会堂也是多方参与的集体成就。在越秀集团的有效组织下，联合设计团队始终以全情投入设计工作，各参建单位密切配合、齐心协力推进项目建设，并在重要环节得到相关专家和社会各界的献计献策，艺术家和文化学者的建议使得会堂的文化内涵和艺术表达更为丰富。这种广泛而充分的合作保障了项目的高品质完工和完美呈现。

国际会堂不仅成为广州对外交流的重要窗口及平台，也是广州新时代重要的城市地标。通过此书，我们希望能够与各位读者分享国际会堂的美好影像，共同见证这座新时代岭南新地标的丰硕成果。

何镜堂
中国工程院院士
华南理工大学建筑设计研究院首席总建筑师

目录 Contents

| 序　篇 | 项目概述 | 011 |

| 第一篇　建筑篇　云山景台 | | 013 |

第一章	设计理念——两观三性，岭南风格	015
第二章	规划布局——青山入城，云山景台	017
第三章	建筑造型——重檐飞宇，岭南新韵	023
第四章	空间营造——大国礼仪，园林会场	033
第五章	幕墙品控——云山向晴，珠水流金	047
第六章	景观架构——飞檐叠景，山色沁园	061
第七章	夜景泛光——大雅之堂，云影流光	069

第二篇　室内篇　粤韵天合　　　　　　　　　　　　　　　　079

第八章　室内设计理念　　　　　　　　　　　　　　　　　　081

第九章　迎宾厅——云山珠水　　　　　　　　　　　　　　　085

第十章　合影厅——群贤毕至　　　　　　　　　　　　　　　093

第十一章　首层主会场——步步高升　　　　　　　　　　　　101

第十二章　三层主会场前厅——万里同风　　　　　　　　　　105

第十三章　三层主会场——锦绣中华　　　　　　　　　　　　109

第十四章　五层主会场——共庆华章　　　　　　　　　　　　115

第十五章　公共空间　　　　　　　　　　　　　　　　　　　121

第十六章　贵宾接待厅及会议室　　　　　　　　　　　　　　135

第三篇　景观篇　国风粤韵　　147

第十七章　场地理念构思与对策　　149

第十八章　南入口——国风迎宾，云山广场　　153

第十九章　南公园——九曲文华，云山公园　　157

第二十章　东入口庭院——粤韵致景，南粤丹霞　　161

第二十一章　东南庭院——云山新境，珠水思源　　167

第二十二章　西南庭院——粤韵致景，海丝映粤　　173

第二十三章　空中平台——一览盛景，云山看台　　177

第二十四章　大金钟湖畔公园——云湖共影，绿色客厅　　181

附　录　　184

附录一　感言　　184

附录二　特别鸣谢　　186

项目基地原貌

2020-11	2020-12	2021-01	2021-02
2021-03	2021-04	2021-05	2021-06
2022-07	2022-08	2022-09	2022-10
2022-11	2022-12	2023-01	2023-02

序　篇　项目概述

白云国际会堂位于广州市白云山西麓，旨在成为广东省（大湾区）乃至全国的大型会议中心。项目由何镜堂院士团队牵头设计，建设规格对标国内知名的大型会场，将高效率、高品质、新经典、新技术作为产品打造的目标。项目自2020年6月破土动工，期间克服了一系列困难和不利因素，于2022年10月31日主体竣工，最终建设成为具有国际水准、中国典范、岭南特色的地标建筑，并已获得多项建设类大奖。项目于2022年12月首次投入使用，至今已召开多场重大会议，广受社会各界赞誉，已成为对外交流合作的重要平台。

项目建成后实景图

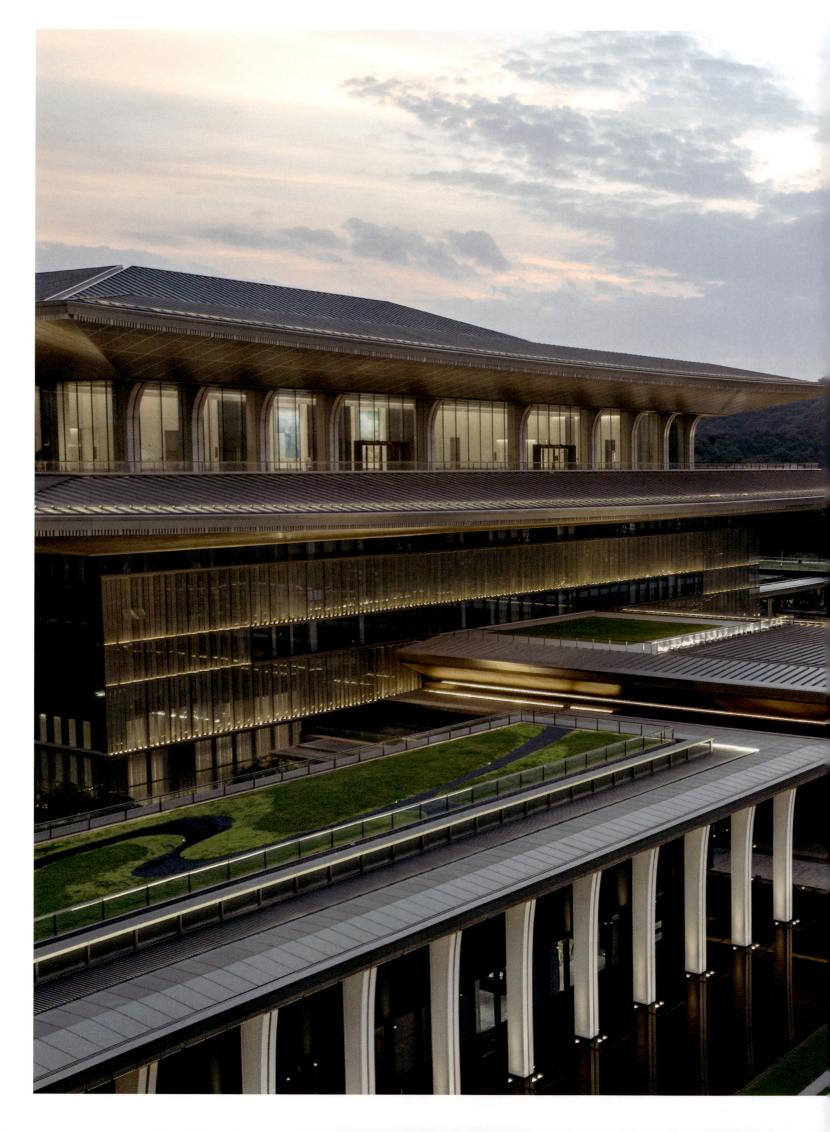

第一篇 建筑篇 云山景台

第一章 设计理念——两观三性，岭南风格

国际会堂设计遵循"两观三性"理论，从建筑与环境的关系入手，综合统筹场地、形体、空间、景园以及绿色技术等方面，通过"连贯性"一体化思路，打通规划、建筑、室内、景观等各专业设计领域，打造高度连贯的整体设计效果，展示中国文化底蕴，彰显岭南地域特征，紧扣时代发展主题，塑造充分展现中国气派、岭南风格、广州特色的华美乐章。

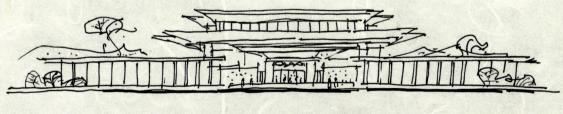

何镜堂院士手稿

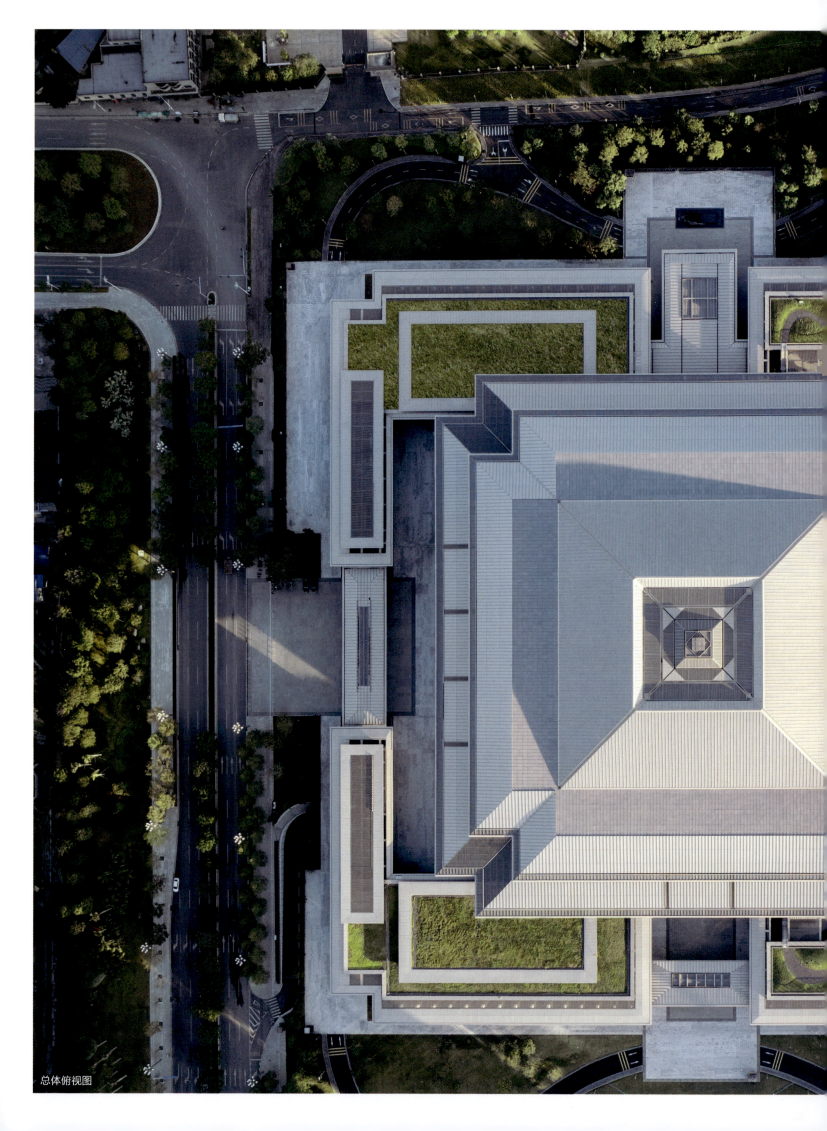

总体俯视图

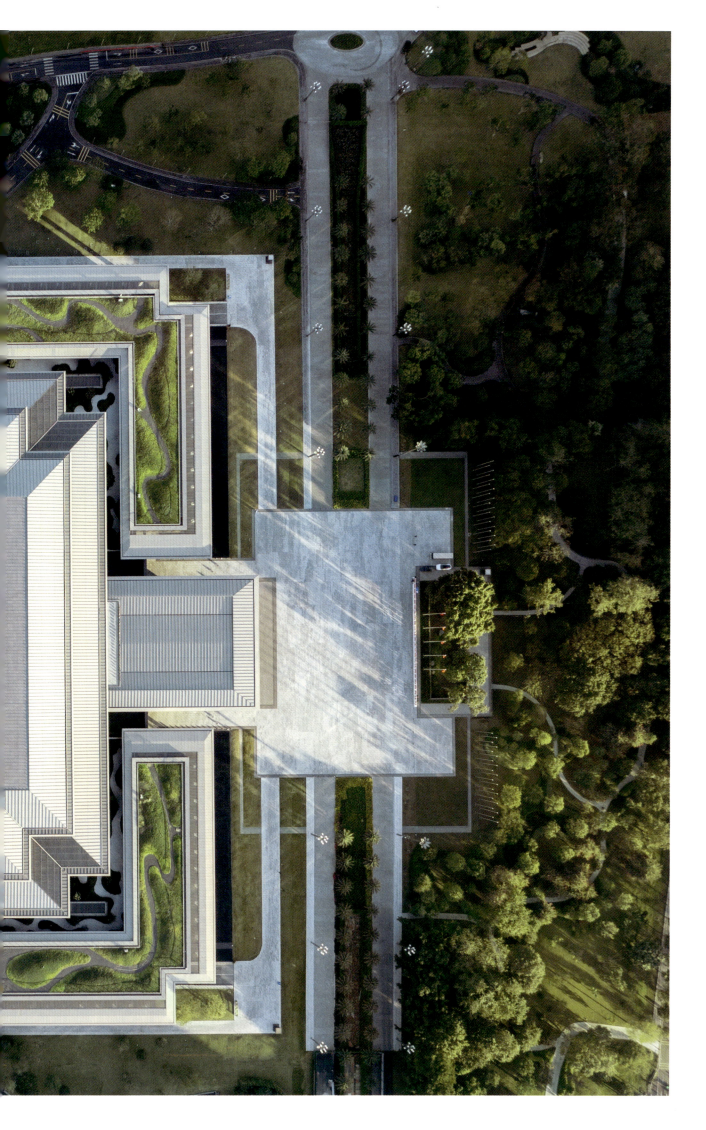

第二章 规划布局——青山入城，云山景台

项目区位

广州传统中轴随城市的发展而形成，南起珠江，向北经海珠广场、人民公园、市政府、中山纪念堂至越秀山。轴线上山、水、城相依，既是地理中轴，也是象征广州文脉发展的文化中轴。白云山为南粤名山，是九连山脉向南延伸最长的支脉，见证和庇护了广州的千年发展与变迁。国际会堂正坐落在广州传统中轴北延与白云山西麓、大金钟湖畔的交汇处，地理位置十分优越，致力于为广州与大湾区打造依傍云山、面向未来的重要公共设施，在新时代发展背景下构筑广州鼎立湾区的山水城意向。

总体规划

项目用地面积约 9.9 万 m²，南北长约 280m，东西宽约 270m，总建筑面积约 13.7 万 m²，其中地上建筑面积约 9.5 万 m²，地下建筑面积约 4.2 万 m²，建筑最高点 55.80m，可举办各类政商会议。基地轮廓周正，地势平整，建筑主体位于场地中心，坐北朝南。主入口朝南设置，其余出入口依建筑功能分布四周：南侧主入口设礼仪广场，为大型会议的迎宾入口，并与白云国际会议中心一期场地衔接；东侧为贵宾出入口，面向白云山，景观条件优越，同时也保证了较好的私密性；西侧为日常运营出入口，连接云城东路，交通便捷；北侧为多功能出入口，设内部庭院，连接学岗路，主要作为后勤办公人员出入使用。

整体总平面图

为了打造一个具有礼仪性、时代性、创新性的会议景观环境，景观设计充分考虑主体建筑与场地的关系、建筑形体特色以及景观与室内空间的联系等，力求从场域空间构建、文化展示、材料细节等多方面彰显新岭南的地域文化特征，通过"依山势、理水系、引绿脉、通视廊"梳理场地关系，塑造山环水抱的场域格局。

国际会堂与周边片区整体鸟瞰

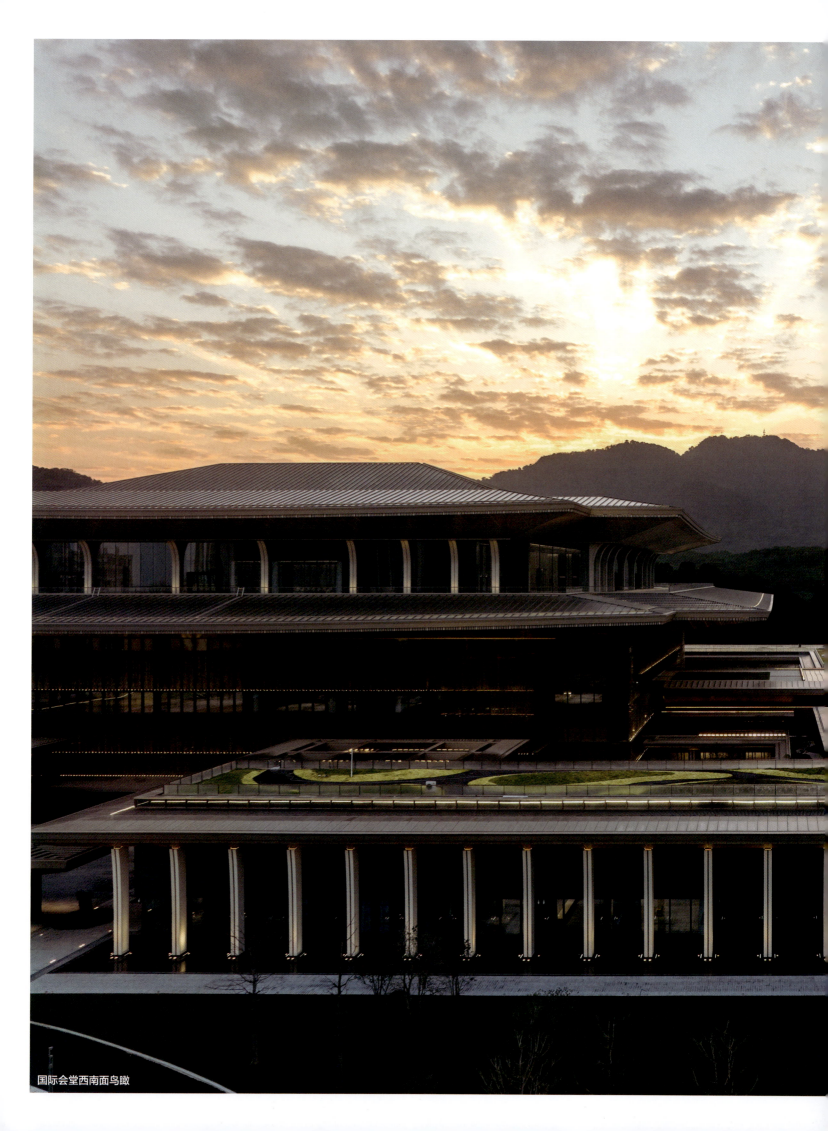

国际会堂西南面鸟瞰

第三章 建筑造型——重檐飞宇，岭南新韵

中国典范·岭南殿堂

　　建筑四周以严谨的网格规划基座裙楼，裙楼并不满铺，而是结合岭南地区天井庭院的意象，创造了内有乾坤的庭院空间，在礼制建筑的外形下不失岭南韵味。庭院空间令裙楼具有更大的观景周长及建筑采光面积，既可以满足会议空间明亮度的建筑功能需求，又构筑了富有趣味的内部休憩空间，与庭院景观相得益彰。

　　在建筑形制上，以中国典范形制作为造型主导和牵引主线，又处处融入岭南的空间与造型特色，最终打造出独树一帜的现代岭南殿堂形象。

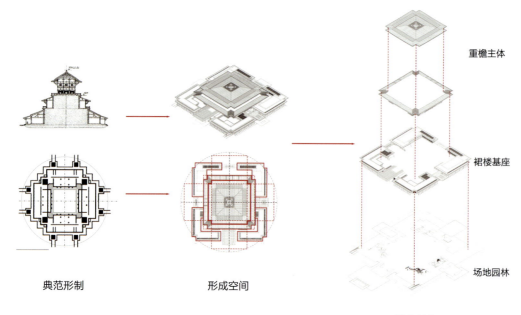

典范形制　　形成空间　　融入特色

重檐主体
裙楼基座
场地园林

南面主入口及其前广场

重檐飞宇

建筑造型充分体现中国传统礼仪的建筑形制，传承岭南建筑与园林的空间特色并加以创新，总体造型融合了中国典范与岭南独特形制的特点；在建筑细部上深度挖掘岭南传统建造工艺的精髓，提炼岭南传统建筑的形象特征，兼收并蓄形成国际会堂独有的建筑造型特色；细腻而有生命力的岭南自然文化为建筑细部设计提供了充沛的灵感，在造型细节上处处体现了岭南的自然生态特征与地域文化亮点。

概念意向图

入口门廊

南侧主入口主体突出,两侧连接裙楼柱廊,向外连通礼仪广场。门廊雨棚无柱出挑,悬挑跨度达24m,檐口面宽43.5m,檐底高度为10.9m,是礼仪广场内的绝对视觉焦点。

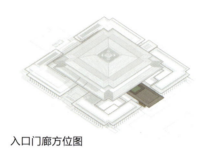

入口门廊方位图

南面主入口门廊

裙房柱廊

裙房为围院式布局，正面面宽达 246m，两侧连接造型挑檐，檐口高度为 13.6m。整体视觉上呈现为虚实结合的水平舒展体量，再配合重檐主体，形成层层叠进、汇聚上升的飞扬迎宾意象。该设计的亮点在于将建筑遮阳需求与构件造型巧妙结合，122 根造型廊柱分布于裙楼四周，辅以挑空设置的柱廊挑檐，既能与立面节奏相呼应，又可结合水平舒展的裙楼体量，为整体建筑造型增加了进退与虚实的变化。

裙楼外圈柱廊

裙楼外圈柱廊方位图

飞檐与庭院

建筑飞檐之下是错落有致的内部庭院，内部庭院与室内环廊、会议室相连，形成内外通透的室内空间。此外，对飞檐的海棠角部位进行了特殊的造型处理，使阳光可透过幕墙构架照进内庭院空间。

飞檐与内部庭院方位图

飞檐造型

建筑主体设置了两层收进的飞扬挑檐，四层挑檐面宽170m，六层挑檐面宽143.8m，并赋予与传统殿堂木构相似的檐口微垂线，使得采用现代技术打造的、尺度宏大的岭南现代殿堂同时兼具传统木构的精巧营建特色。造型挑檐设计与结构专业进行精细配合，采取合理的柱网规划与钢结构设计，形成出檐深达27m的无柱挑檐空间，与可眺望白云山景、白云新城城景的观景平台共构了国际会堂的亮点空间，体现了"云山叠景"的设计理念。

建筑主体塔楼飞檐造型

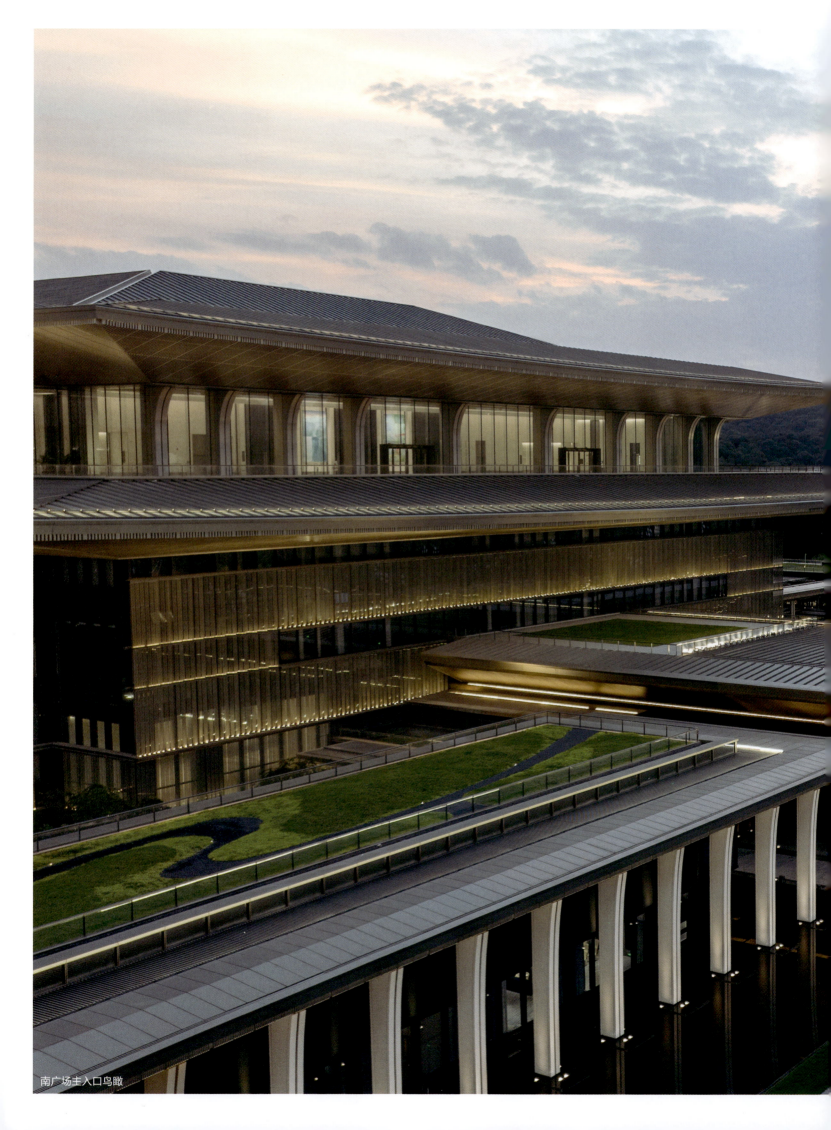

南广场主入口鸟瞰

第四章　空间营造——大国礼仪，园林会场

核心塔楼　　　　　　　　　岭南庭院　　　　　　　　　外围裙房

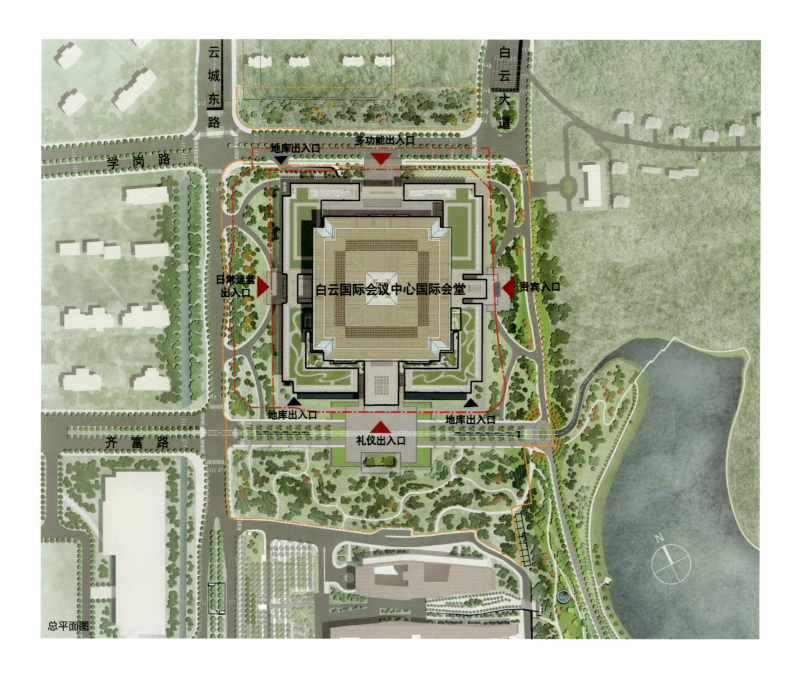

总平面图

建筑布局

建筑布局采用核心统领的内外圈层围院式布局，融合中国礼仪形制与岭南园林特色。核心建筑将主要功能空间竖向叠加，突出核心功能，强化礼仪感；裙楼外围环绕，形成多个庭院，布置园林；通过多层次观景平台的设置，打造立体化园林，与白云山景观、白云新城绿轴内外交融，为广州和大湾区打造依傍云山、面向未来的云山观景台、园林主会场。项目首层布置了会客、合影区域以及主会场，三层为圆桌会议厅，五层为大型宴会厅，此外还有31间中小型会议室和多间贵宾室。

剖面图

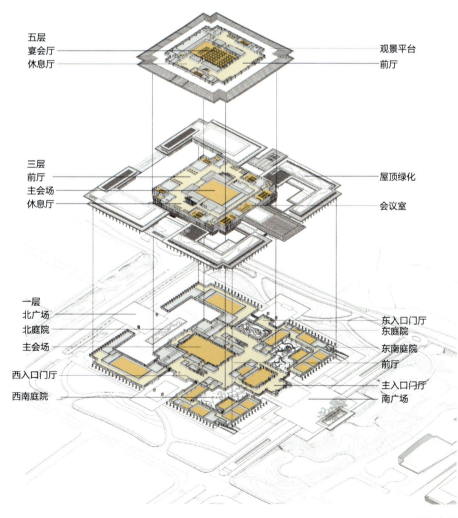

功能布置

南门厅

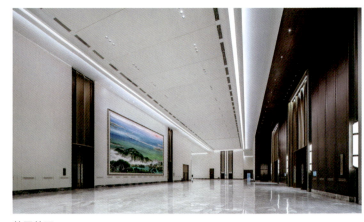
首层前厅

合影厅

首层主会场

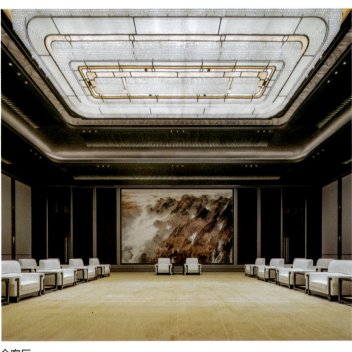
会客厅

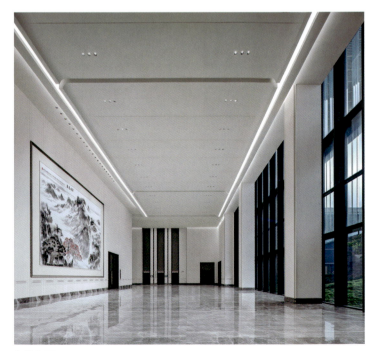
东休息厅

空间序列

建筑南北向布置，由主入口迎宾广场南侧的景观开始，结合建筑南立面中正端庄的传统建筑形象，与南侧的白云国际会议中心一期、东侧的白云山共同围合出一个极具岭南地域特色、中国传统典范的场所。然后依次进入主入口、南门厅、合影厅、会客厅、前厅、主会场，与后方的北门厅、北广场相连，结束于北侧景观山体，多重功能空间纵向布置，强化了中轴空间的礼仪性，同时可在多处与两侧庭院景观资源形成互动，构成纵横交织、内外交融的空间系统。

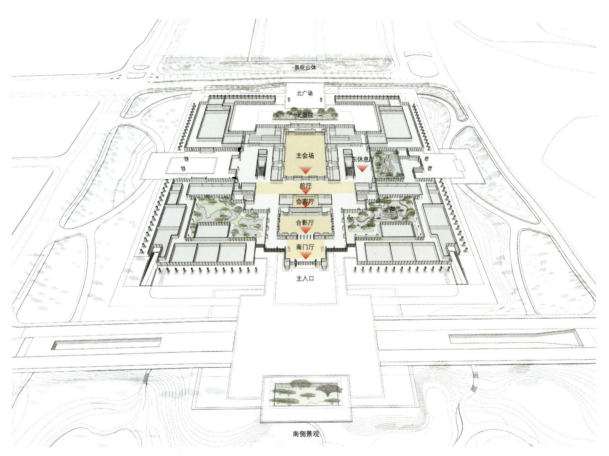

首层礼仪空间序列

三层前厅

五层前厅

三层主会场

五层宴会厅

三层会议室

五层贵宾室

塔楼三层、五层平面分别以主会场、宴会厅为核心，周边布置前厅、休息厅、中小会议室、贵宾室、辅助用房等。此外，五层还设有环绕一圈的观景平台，前厅、休息厅、观景平台均可直接观赏到白云山、白云新城绿轴等景观资源。

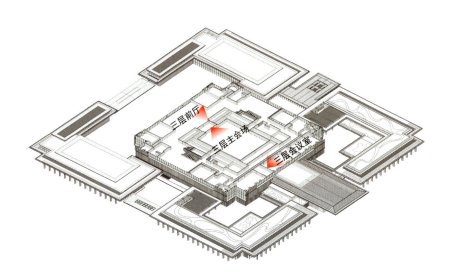

三层礼仪空间序列

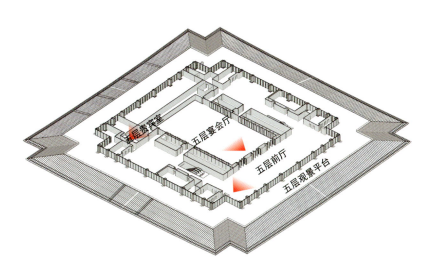

五层礼仪空间序列

首层前厅扶梯

首层前厅主会场入口

三层东侧扶梯

从三层东侧扶梯看白云山

五层前厅

五层前厅主会场入口

各层前厅串联

核心区塔楼将三个主会场竖向叠加，从首层前厅经扶梯可直达三层前厅，到达后视线可透过前厅、休息厅玻璃幕墙直接观赏东侧白云山；继续经扶梯折返上五层后，直达五层宴会前厅、休息厅，从而将三个主会场的参会流线顺畅衔接起来。

一、三、五层前厅扶梯串联

从合影厅看西南庭院

从东门厅看东庭院

从裙楼会议室看西南庭院

从前厅看东南庭院

从裙楼会议室看东南庭院

从裙楼贵宾室看柱廊水池

内外交融

首层平面通过塔楼、裙楼的内外圈层布置方式，围合出东庭院、东南庭院、西南庭院、北广场、西广场，与南侧的主入口迎宾广场构成了建筑的外部入口及庭院空间。首层室内重点打造沿主入口中轴线布置的礼仪空间序列，并与两侧的庭院联系，外围裙楼通过观景廊道与塔楼公共空间相连，围绕岭南庭院向外延伸、环绕，在不同的朝向分别与白云山、内部庭院、外围绿地等景观实现视线通达，营造独具特色的岭南现代会议场所。

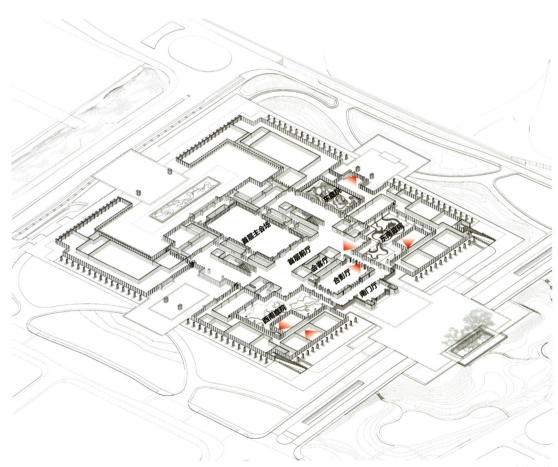

首层园林会议空间

五层观景平台夜景

五层观景平台日景

五层观景平台转角挑檐

五层观景平台

　　为充分利用地块周边白云山、白云新城的景观资源，在五层外围设置了环绕一圈的室外观景平台，平台上有悬挑17m的挑檐，观景平台标高为32.1m，四周视线开阔，白云山景色一览无余。五层宴会厅的前厅、休息厅均为大面积、通透的玻璃幕墙，将白云山景色引入室内空间，营造出内外交融、彰显地域文化特色的会议空间氛围。

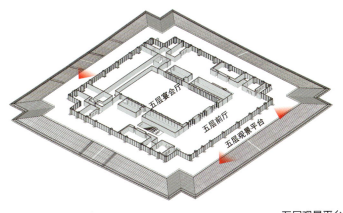

五层观景平台

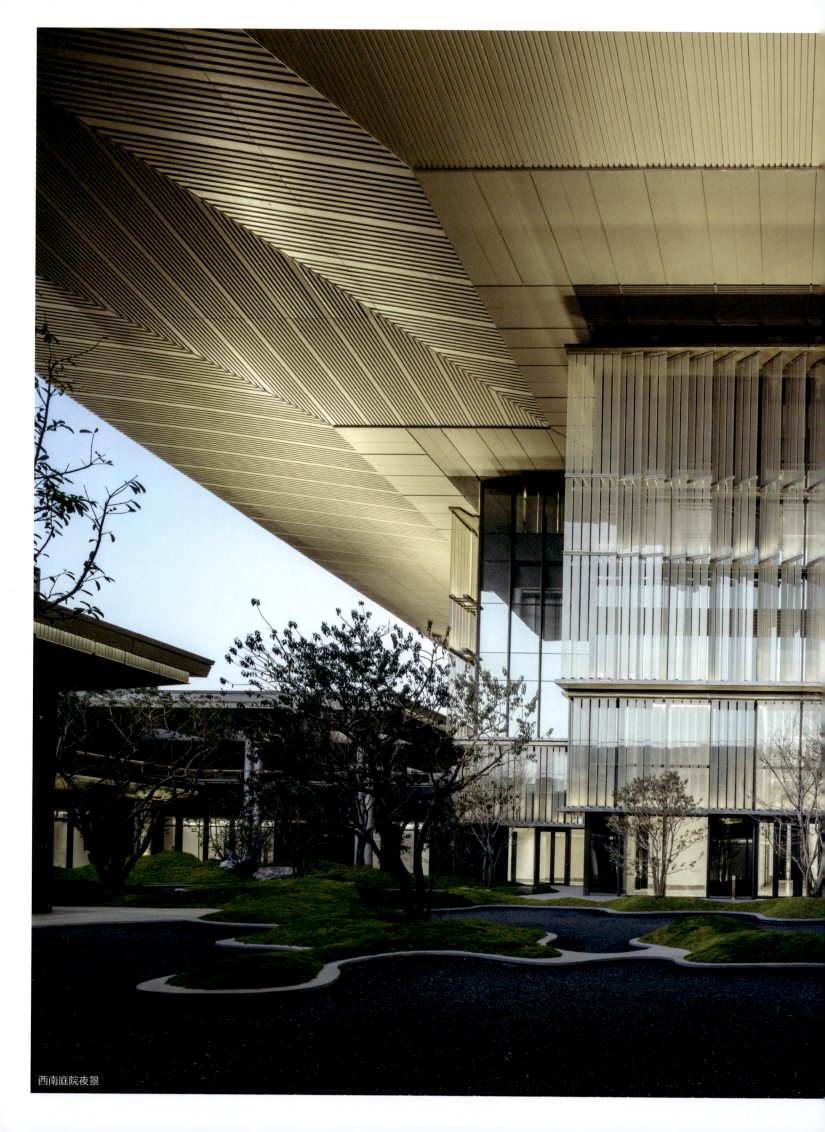
西南庭院夜景

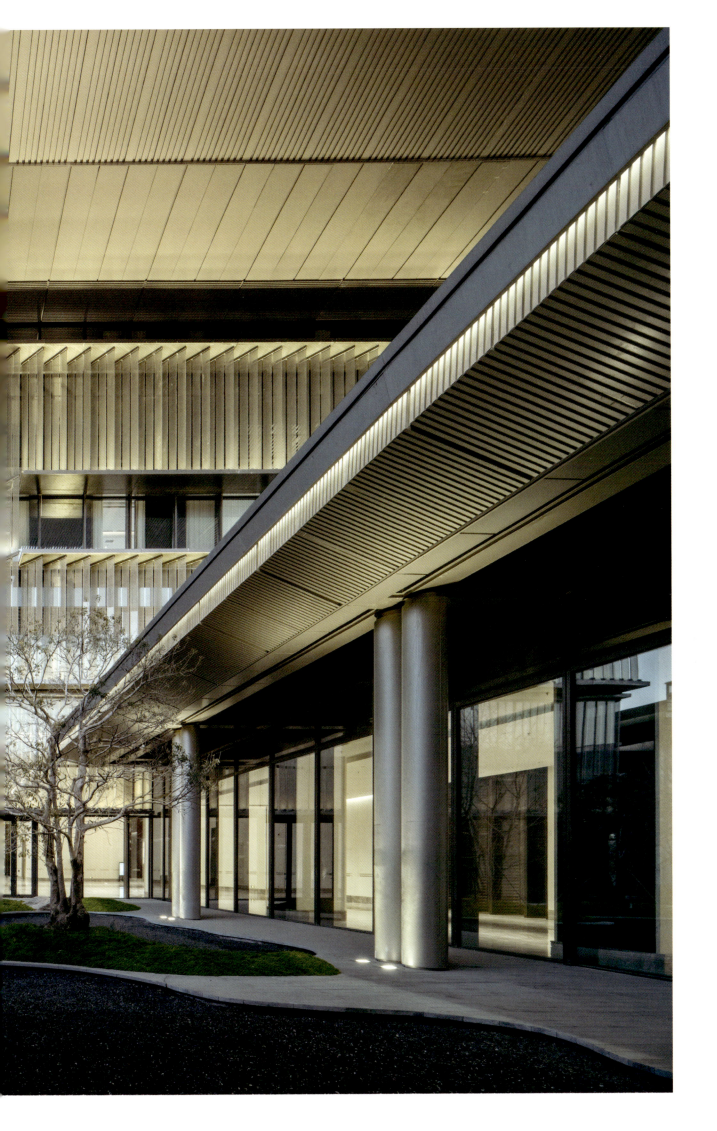

第五章 幕墙品控——云山向晴，珠水流金

入口门头及其铜垂花纹

在建筑入口的细部上，结合传统岭南纹样进行几何演绎，形成富有变化的镂空雕花纹样，结合入口顶部的透光采光天窗，形成细密有致的透光肌理，显示了细腻的建筑细部。挑檐在内部设置均光板，夜晚则转变为均匀的外部照明。

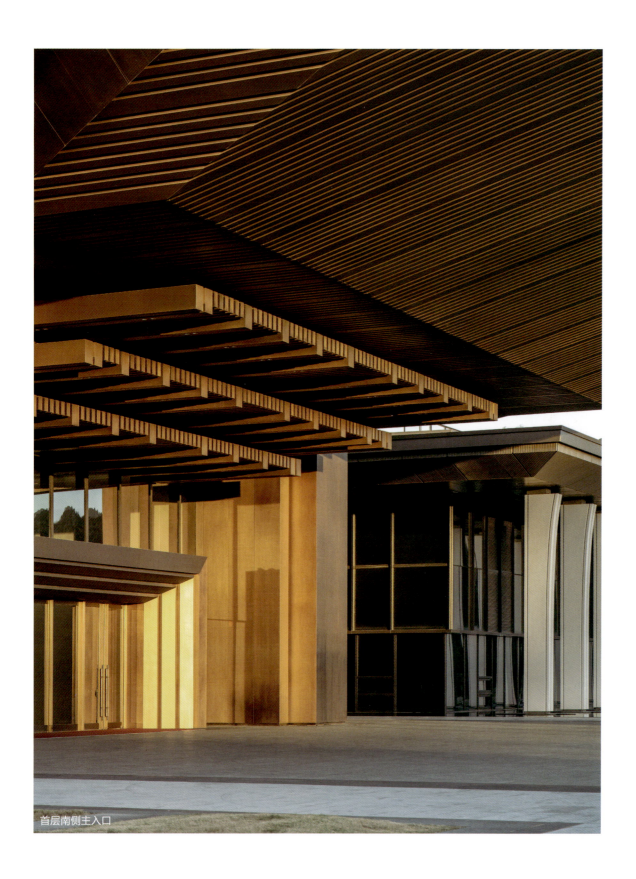

首层南侧主入口

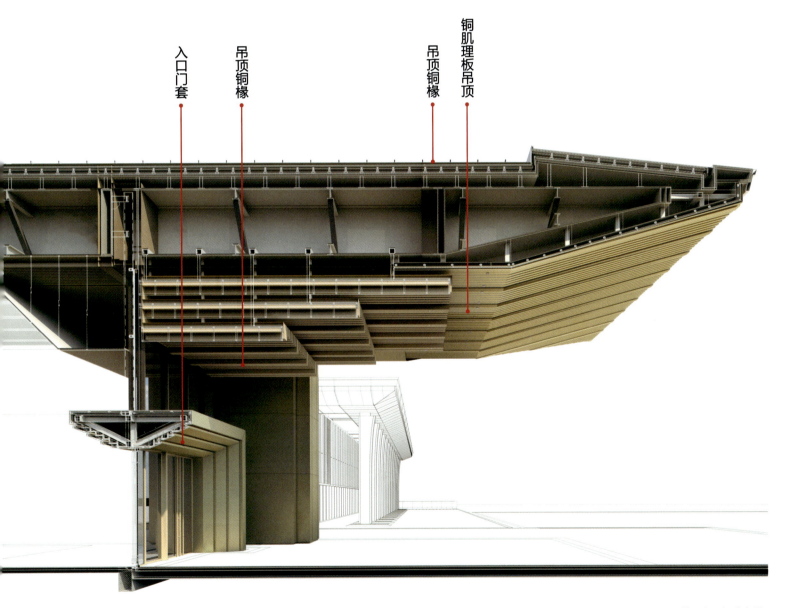

首层入口门头大样

铜肌理板吊顶

吊顶铜椽

吊顶铜椽

入口门套

主塔楼挑檐透光海棠角

透光檐口造型在转角部位延续放大,形成重檐主体最具特色,也最具亮点的细部,挑檐转角结构及外部肌理在此处汇聚转折,形成具有几何交汇特征的图案。

设计时,精细处理内部钢结构桁架的落位、幕墙龙骨的落位、金属幕墙外包构件的尺寸。当从庭院内部仰视海棠角时,能够实现建筑内外构件的通透交融。结构挑梁+幕墙龙骨+装饰构件的三重构造层营造出具有通透感的海棠角,海棠角如同岭南传统植物代表——芭蕉叶的叶片般脉络分明,光线穿透海棠角,又如同岭南榕林般影影绰绰,引发对岭南建筑文化与岭南生境的独特共鸣。

主塔楼挑檐透光海棠角

主塔楼檐底肌理及透光格栅

主塔楼檐底肌理历经设计师的精心推敲，以凹凸肌理作为基本造型元素，檐底肌理纹主要采用尺寸模数，与建筑玻璃幕墙模数统一。檐底简约的凹凸肌理配合光线变化，形成细腻的建筑纹理，如同羽翼飞扬的纤毛细节，带来岭南大榕树枝繁叶茂的视觉通感。

屋檐海棠角细部

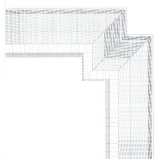

转角挑檐檐底大样

主塔楼夹丝玻璃

主塔楼立面夹丝玻璃

重檐主体立面上的夹丝玻璃格栅百叶，从建筑轴线沿两侧徐徐展开，并以精心设计的角度渐变转动，在光线的映照下，产生流动的金光，呼应了建筑品相"云山向晴，珠水流金"的主体建筑概念。

夹丝玻璃细部

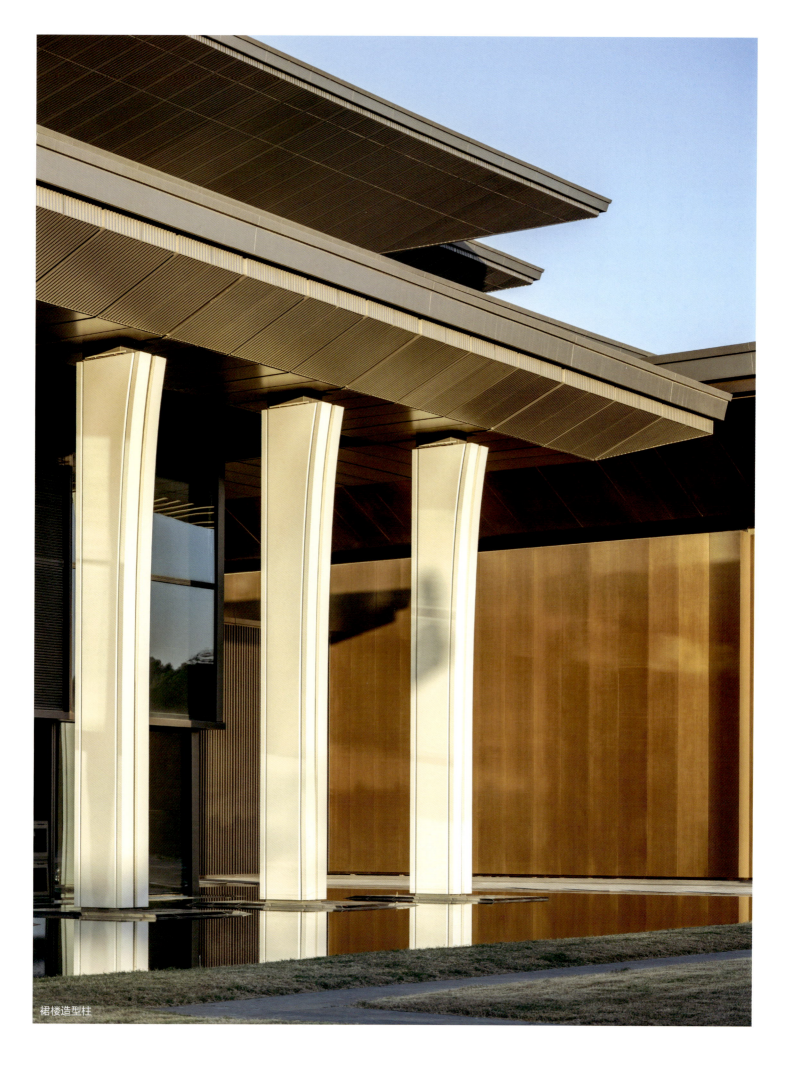

裙楼造型柱

柱廊样式

　　裙楼造型柱廊位于建筑外部，柱身高 10.2m，采用通长铝单板的做法，从柱头至柱脚设计了微曲的垂线造型，尽可能实现整体简约、纯粹的造型，使之成为建筑立面亮眼、活跃的表现要素。柱身微垂的造型特点取意芭蕉的枝干，体现了岭南在地元素的特点。

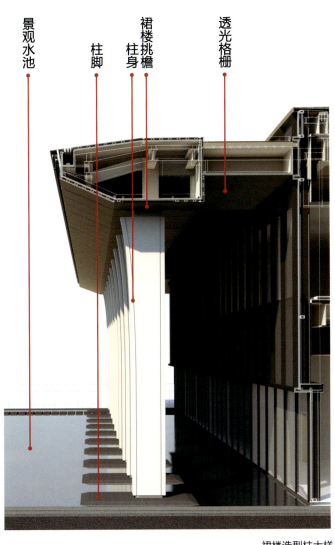

景观水池　柱脚　裙楼柱身　裙楼挑檐　透光格栅

裙楼造型柱大样

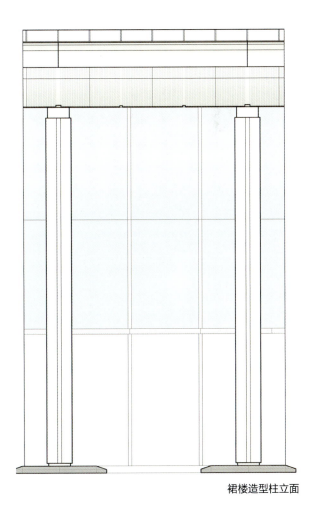

裙楼造型柱立面

五层观景平台夜景

西内庭院圆形柱廊

柱廊样式

内部庭院圆柱：裙楼内部庭院布置了圆柱，柱身采用通长铝板的做法，在庭院空间中将相对圆润、柔和的造型形态与丰富的庭院景观有机结合。

塔楼造型柱：塔楼造型柱采用曲线造型，吸收了岭南大榕树气根的垂坠感以及岭南植物如芭蕉、蕨类植物的生长曲线特点，采用上急下缓的曲线，柔美而富有生机。

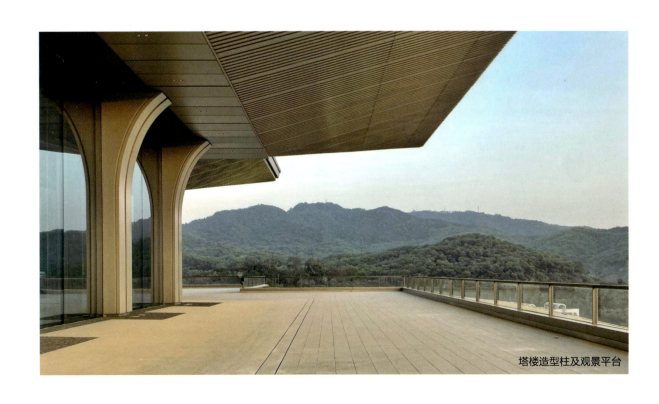

塔楼造型柱及观景平台

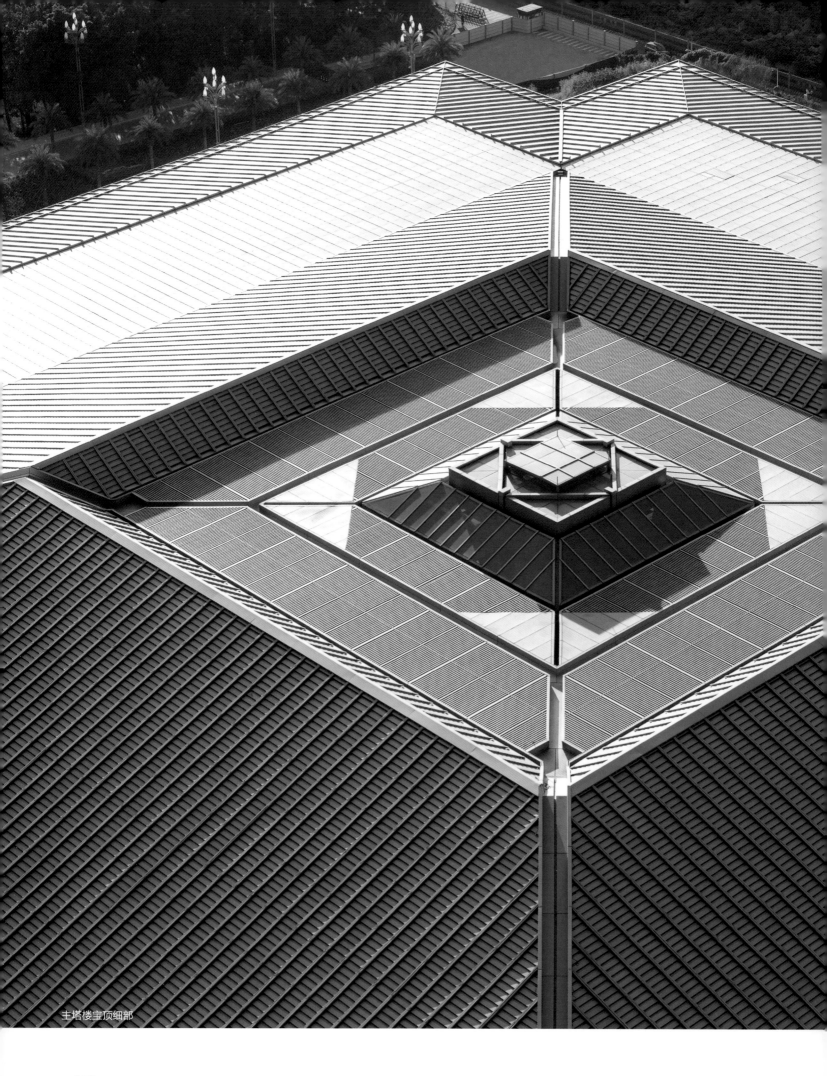

主塔楼宝顶细部

主塔楼宝顶

主塔楼宝顶结合四面坡顶的造型形制以及岭南传统文化中满洲窗、博古架等纹样图案进行创新运用,将屋顶划分为不同材质组合的区域,并在主要部分设置了铝合金透光格栅。格栅的截面经过精细设计和三维视觉模拟,既能满足屋顶格栅对于各种设备集成在通风、采光方面的技术参数要求,又能在人的视角保证建筑有一个饱满的冠顶形态,体现庄重得体的建筑形象。

同时,格栅内侧设有 LED 点阵灯具,总面积约 $6400m^2$,由 31000 个灯具组成。点阵密度保证了在夜晚能够实现第五立面高清成像,显示完整的信息及图案。主塔楼宝顶是一处建筑艺术与技术高度融合、高度集成化的造型设计亮点。

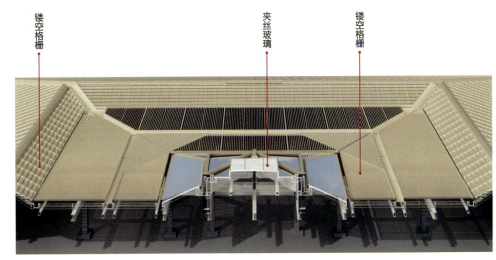

主塔楼宝顶大样

白云国际会堂及白云新城鸟瞰图

第六章 景观架构——飞檐叠景，山色沁园

场地环境剖面

青山入城·岭南自然山水格局

国际会堂的景观规划遵循"立体叠台,景园交融"的设计原则,实现了白云山绿脉与白云新城的有机结合、周边景观与建筑园林的互融共生。

国际会堂内外圈层式的布局促成了多个内部庭院与观景平台,这些内部庭院、观景平台与室内会议室紧密结合,打造并实现了当代岭南会议建筑的新模式。此外,设计充分利用场地环境,将南侧的古树林带、东侧和北侧的云山脉络、西侧的坡地高差等重要在地元素,有机融合为景观体系中的一部分,实现与建筑共生。

在地元素重构

南侧主入口场地保留了大面积的军民共建林与古树资源,将古树与军民共建林设定为白云国际会议中心和国际会堂之间的天然绿色屏风,避免了两者相互对立、矛盾。

立体叠台

建筑体量间相互叠合形成景台。不同标高的观景平台、景观庭院满足了人们多样的观景需求,不同尺度的景观体验则为人们提供了不同氛围的观景环境。

建筑裙楼、塔楼围院式的布局,层层出挑的重檐建筑造型,实现了空间上多层次、多尺度地观景、赏景、融景的景观条件。

多层观景平台与白云山

景园交融

通过建筑布局将内部空间与庭院相互融合，建筑内部的庭院园景由建筑体量的围合、错动、交叠而生发成形。建筑空间采用围院式布局，裙楼体量四面铺排，中部塔楼体量采用集中式的空间布局，塔楼被裙楼四面环抱，塔楼与裙楼之间以内部庭院景观嵌填。

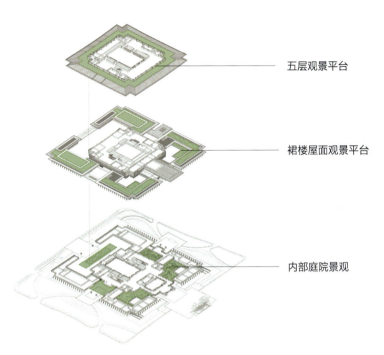

五层观景平台

裙楼屋面观景平台

内部庭院景观

景园叠台

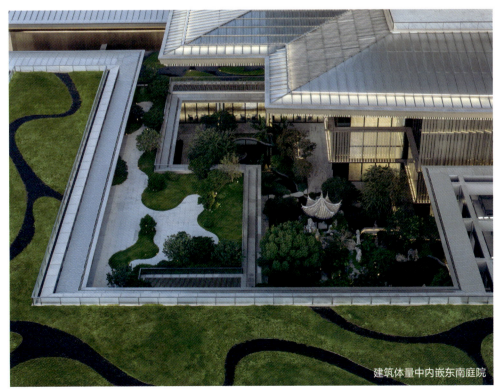

建筑体量中内嵌东南庭院

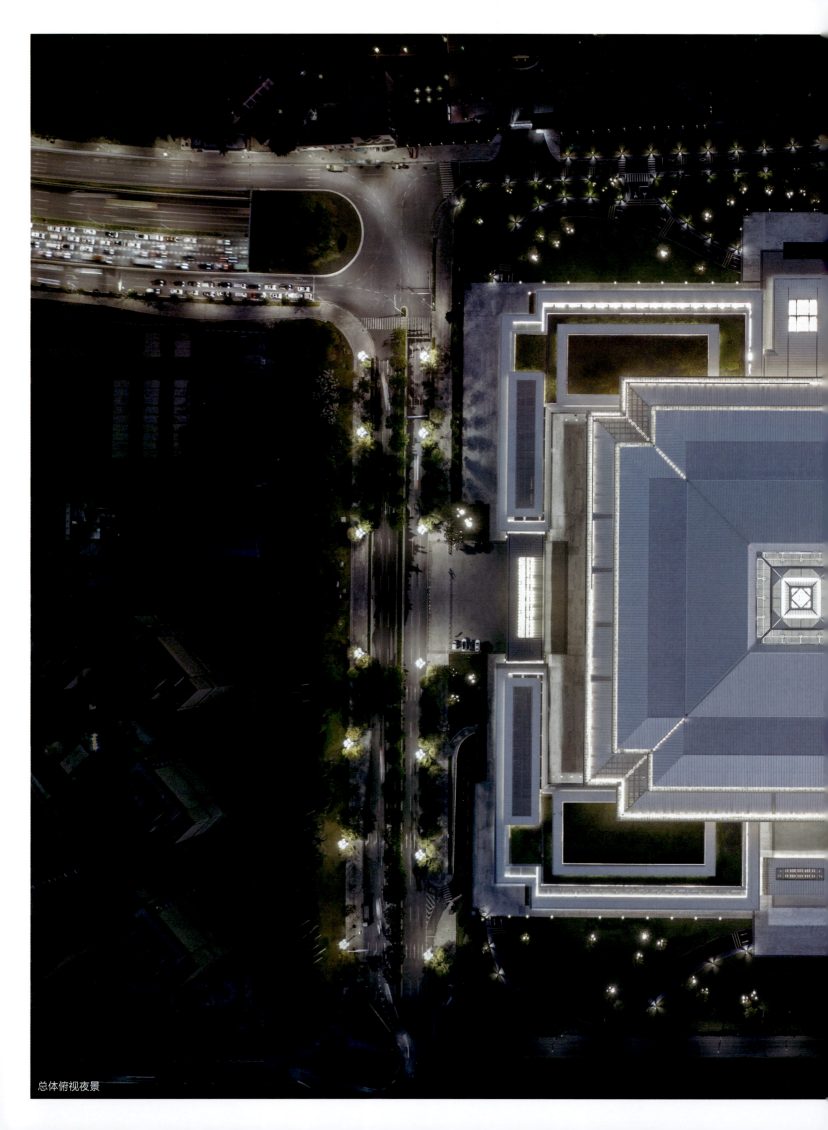

总体俯视夜景

第七章 夜景泛光——大雅之堂，云影流光

白云山及国际会堂鸟瞰图

照明布局

紧扣"云山叠景,飞扬逐梦"的建筑立意,结合建筑的岭南特色以及表皮和样式构成,合理选择照明形式以及灯光的光色,营造夜晚"大雅之堂,云影流光"的建筑形象及灯光效果。

造型·飞扬汇聚

主立面夜景

照明设计

照明设计以"大雅之堂,云影流光"为理念,主要营造了以下两方面的泛光特点:

大雅之堂:通过选用合理的夜晚灯光色温(3000~4500K),将建筑打造为具有明亮暖黄光的庄重、大气的整体形象,体现了会堂的雅气和礼仪感。

云影流光:在照明设计手法上,采用"泛光+内透"的形式,"泛光"可以实现建筑横向肌理的表达,"内透"可以营造建筑纵向纹理的刻画,通过灯光的明暗变化,配合亮度的搭配,形成流光溢彩、光影缤纷的灯光效果。

景观泛光配合景观设计理念,使夜晚的整体照明环境融为一体,突出建筑的主题形象,形成以建筑为主、景观为辅的整体夜间环境。

建筑主入口泛光

建筑主入口及贵宾入口檐底采用铜质格栅和铜板，烘托了主入口的迎宾氛围，营造了大气、稳重之感。灯光采用 LED 地埋灯照亮入口，同时控制眩光，在入口营造稳重、大气的氛围。入口吊棚的细节表达，除了功能照明的筒灯，还采用洗墙灯使吊棚内部逐层照亮，增加了入口的夜间细节。

主入口夜景

首层檐口泛光

首层檐口的柱廊、柱面造型采用浅金色蜂窝铝板,在柱子底部采用大功率地埋灯,结合景观构造要求,在每根柱子底部呈品字形布置埋地式泛光灯具,照亮裙房立柱及飘檐,丰富了建筑首层的灯光层次。

裙楼柱廊夜景

塔楼檐口泛光

建筑三重飘檐是建筑整体形象的重要组成元素，用简洁纯粹的手法打造出稳重、大雅的建筑形象。

重檐主体的中部塔楼由两层外挑大檐口组成，其中二层檐口泛光灯具安装在裙房顶部，向上整体均匀打亮。灯具在裙房屋顶结合景观隐蔽安装，不影响白天的景观效果。三层檐口泛光灯具安装在二层檐口顶部，结合建筑排水天沟隐蔽安装，向上整体均匀打亮，强调建筑第三重飘檐的层次感。

主塔楼观景平台夜景

第五立面媒体化设计

创新地利用建筑塔楼设置了第五立面媒体系统，采用多彩变化的媒体灯光和内透灯光结合的手法，突出顶部重点。经过后期制作，画面可呈现中国元素、岭南元素、企业文化等特色内容。

总体鸟瞰夜景

第二篇　室内篇　粤韵天合

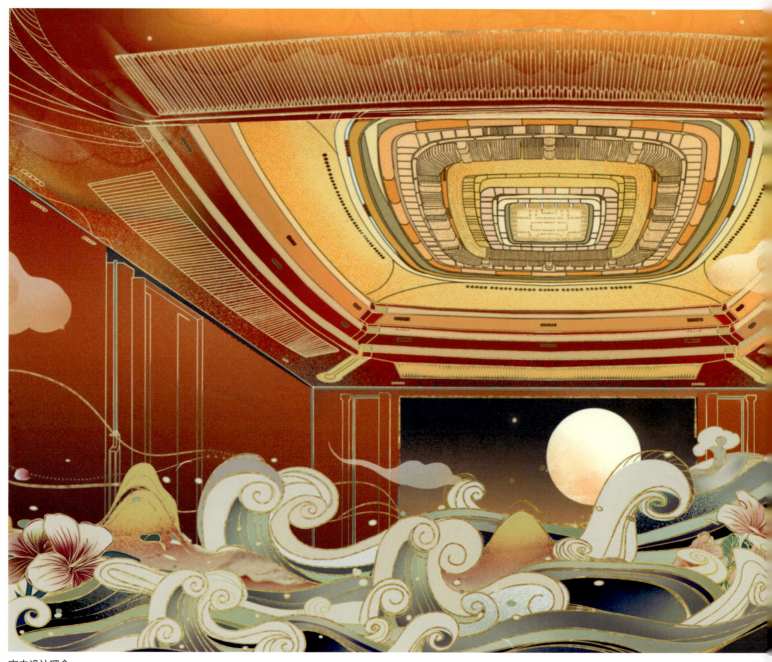

室内设计理念

第八章 室内设计理念

项目的装修基于广袤的岭南文化，结合国家新时期创新发展、协调发展、绿色发展、开放发展、共享发展的发展理念，围绕当地的社会历史、文化生活、风土人情、建筑特点等方面进行表现及演绎。

项目从岭南文化中开放共融的特性、务实多元的智慧以及多彩活力的人文生活中提取系统化设计的元素，强调各功能空间之间的通透性、各空间界面材质色调的鲜明性和细节工艺的多彩多样性，让人感受到广东音乐的韵律和岭南传统建筑的共鸣，形成了"粤韵天合"的意境。其表达了三层含义，即天地之合、古今之合、礼乐之合。天地之合指建筑中内外空间交错、连通、呼应等岭南特色，室内设计要因势利用建筑条件，表达空间的岭南特色，加强室内的通透性，做到人与自然、内外空间的充分沟通、融合；古今之合指传统文化与现代空间、传统艺术与当代艺术的结合，也指地域文化和国际设计语言的结合，旨在实现岭南文化和广府文化的当代表达；礼乐之合是粤韵天合的核心，是以广东传统音乐不同曲目的韵味对应会堂内各个空间的特点，来塑造合而不同的空间意境，以广东传统音乐曲调流畅优美、节奏清晰明快、音色清脆明亮的特点体现岭南文化，让大国礼仪的华章与广东乐曲的人文情景交融辉映。

对此，国际会堂的装修形成了三层主要空间，一层是以"迎"为概念的迎宾空间，体现"有朋自远方来，不亦乐乎"的待客之道；三层是以"礼"为概念的主会场空间，表达大国礼仪的风范和万里同风的气度；五层是以"容"为概念的宴会空间，体现四海升平的美好和面向未来的憧憬。

5F
云山江海·面向世界·拥抱未来
极目远眺的未来空间，体现世界和谐共融，云山江海、面向未来、共庆华章。

3F
胸怀天下·岭南文化·大国自信
大国风范的礼仪空间，用礼乐的传承、国礼的相待，彰显大国的风范和众智集贤的气魄。

1F
拥山入怀·广府园林·迎接宾客
以岭南韵味的序列空间、内部庭院为载体，代表大湾区迎接全世界宾朋，群贤归至。

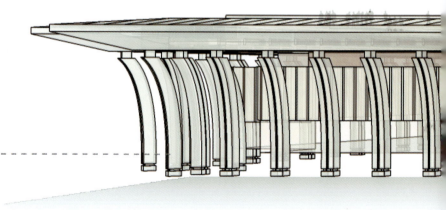

粤韵天合　室内篇

三个主层设计理念

第八章　室内设计理念

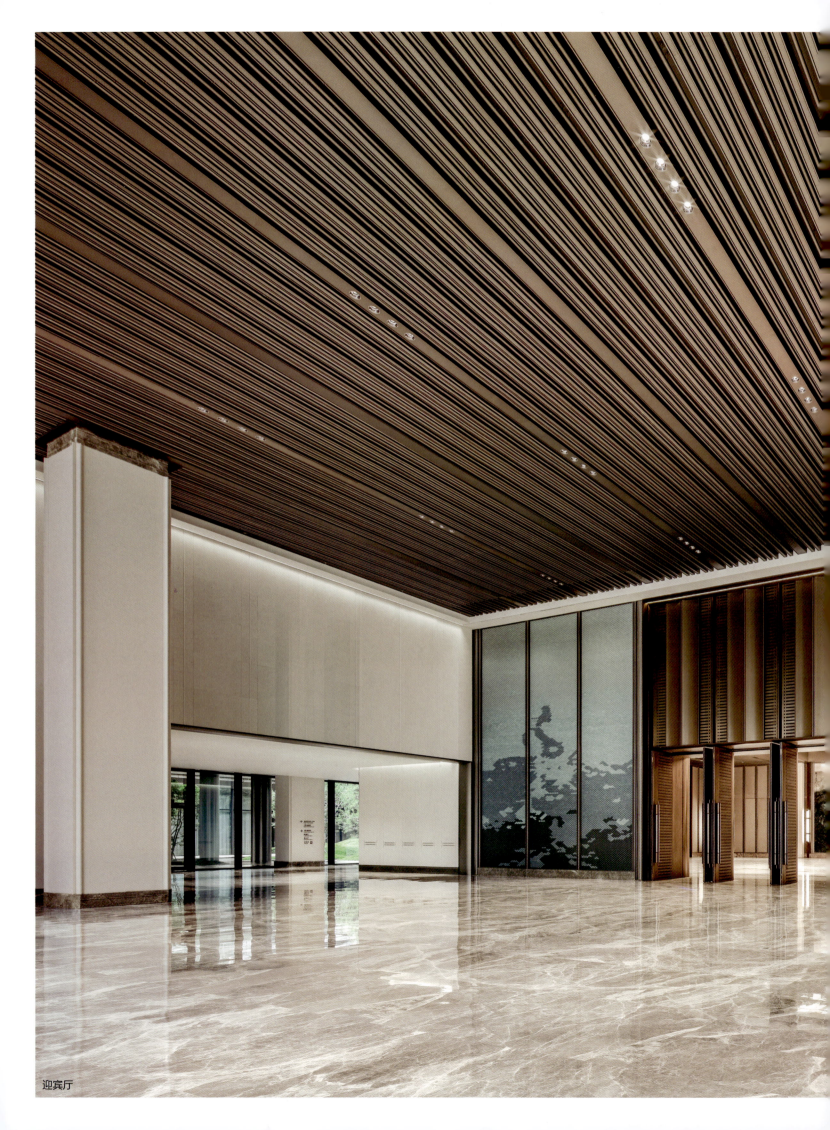
迎宾厅

第九章 迎宾厅——云山珠水

迎宾厅艺术墙面

首层迎宾厅

首层迎宾厅是一个长 24.7m、宽 29.7m 的高大空间，室内以云山珠水的意境进行空间设计，以家乡的江海情怀迎接八方来客。

透过侧厅的室外景观，与庭院别致的岭南园林形成对景，山水相映，内外交融。顶棚造型提取自岭南传统建筑的造型元素，依照传统建筑形制排列，并通过调整长度比例、排列间距等，增加了韵律感与丰富感。顶部使用仿铜材质设计，为空间增添了厚重感。

主立面的大型铜质组合门将迎宾厅与合影厅联系在一起。门的两侧采用四个色度级别的青绿瓷片手工拼接形成艺术墙体，分为 6 个单元，每个单元由 5670 片陶瓷片组成，共用瓷片 34020 片。通过艺术化的色度组合形成抽象的拼接效果，并且以白云山、珠江、南海元素为主题，展现南粤水文化，塑造形似江海的流线造型，展现云山珠海跃然眼前的动感，一江一海，体现广府情怀。除主墙外的其余墙面选用香贝米黄的石材，以 1.4m 的宽度为模数密拼铺设至顶面，石材墙面通体为米白色，使空间色彩更加纯粹，契合岭南色彩元素。在墙面 1.2m 处设置铜制构件作为空间点缀，构件的形态提取自传统建筑形制，并进行艺术化处理。

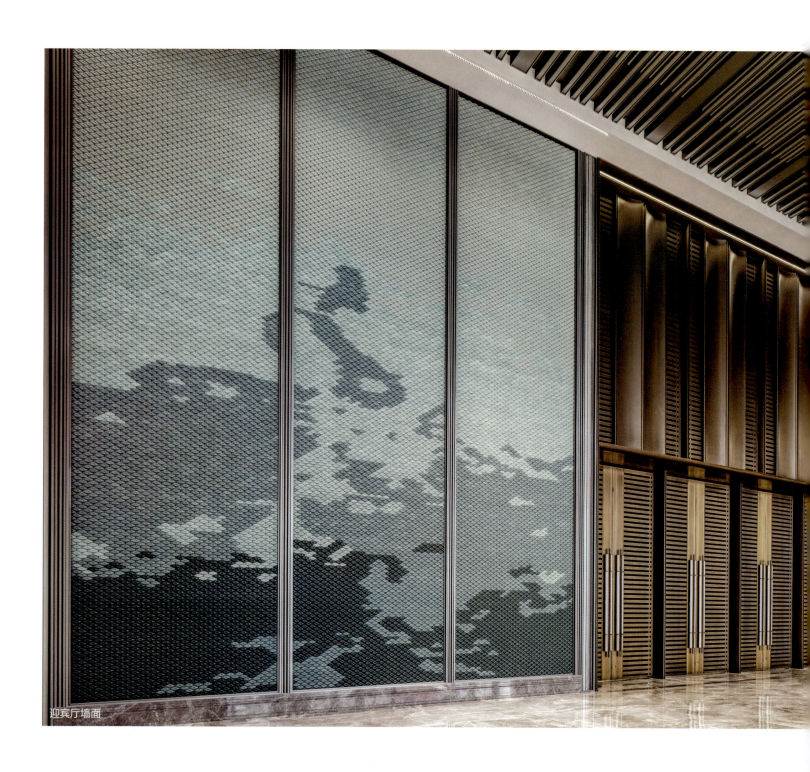

迎宾厅墙面

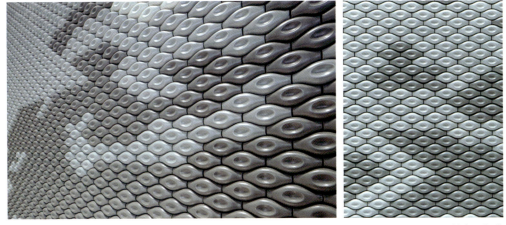

墙立面细节

迎宾厅墙立面

迎宾厅门侧立面

迎宾厅墙面细节

迎宾厅门细节

雄伟挺阔的大门承载着重要的空间界定功能和文化意义。大门的最高高度达4500mm，最低高度达2200mm，组合宽度最大值为15380mm，单扇门宽度最大值为2540mm。门的造型提取自岭南传统建筑形式"趟栊门"的骨架形态，注重对称的形态美学，饰面采用金属和紫檀木相结合，整体端庄、大气。门把手长2200mm、宽200mm，采用船桨造型，寓意"同舟共济"，材质采用金属和玉石相结合，以突出高级和现代的感觉。玉石通过雕刻或嵌入等工艺，展现精美的纹样和华丽感，赋予门把手高贵而独特的外观，凸显空间功能的重要性。

迎宾厅墙面细节

合影厅

第十章 合影厅——群贤毕至

合影厅阵列屏风

合影厅

首层前厅

合影厅利用建筑的结构,把空间高度设置为 7m 和 9m 两个高度,9m 的空间可以围合成合影区域,两侧 7m 的空间可以作为礼仪空间。顶部造型使用了格栅与白铜造型,通过选用尺寸为 1.5m×1.93m、3.9m×1.93m、6.32m×1.93m 的三种造型单元组合构成顶部形态。

合影厅侧门

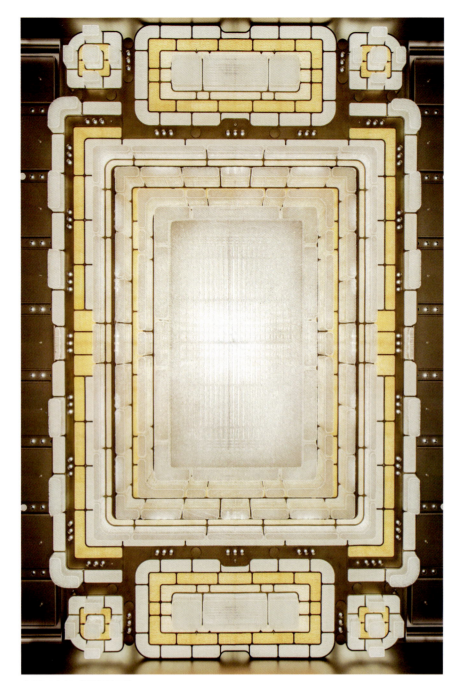

合影厅主灯"群贤毕至"

合影厅壁灯"节节高升"

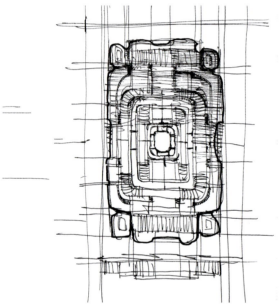

合影厅主灯"群贤毕至"设计手稿

合影厅主灯"群贤毕至"

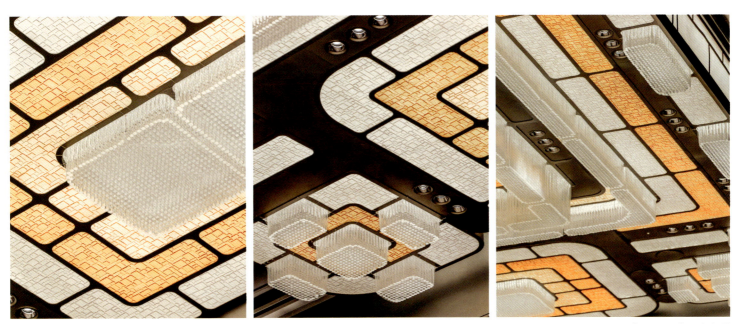

合影厅主灯"群贤毕至"局部细节

　　顶棚在 7m 与 9m 高差间的立面处增加灯带造型，配合 17m×10m 的大型组合花灯，成功消解了顶棚界面 2m 高差造成的落差感。

　　组合花灯造型庄重大气，中间特制的主灯将琉璃和水晶融入设计，形成空间的亮点。项目中各个空间的组合花灯均以广府文化中颇具特点的满洲窗为灵感进行设计。合影厅的主灯造型体块交错相合，名为"群贤毕至"，取自"礼遇宾朋，群贤毕至"之意。壁灯"节节高升"提取竹子"节节高"的寓意，以岭南彩色琉璃元素作为点缀。

合影厅背景墙艺术品

在合影厅的正面为巨幅合影背景墙,墙上是一幅名为《绿水青山》的艺术精品(宽21.56m,高6.54m),表现了南粤大地山河秀美、生机盎然的气象。两侧的屏风,与墙面的柱饰及名为"节节高升"的壁灯组成序列,形成空间的仪式感,彰显尊贤尚礼的空间序列感与秩序感。

首层主会场

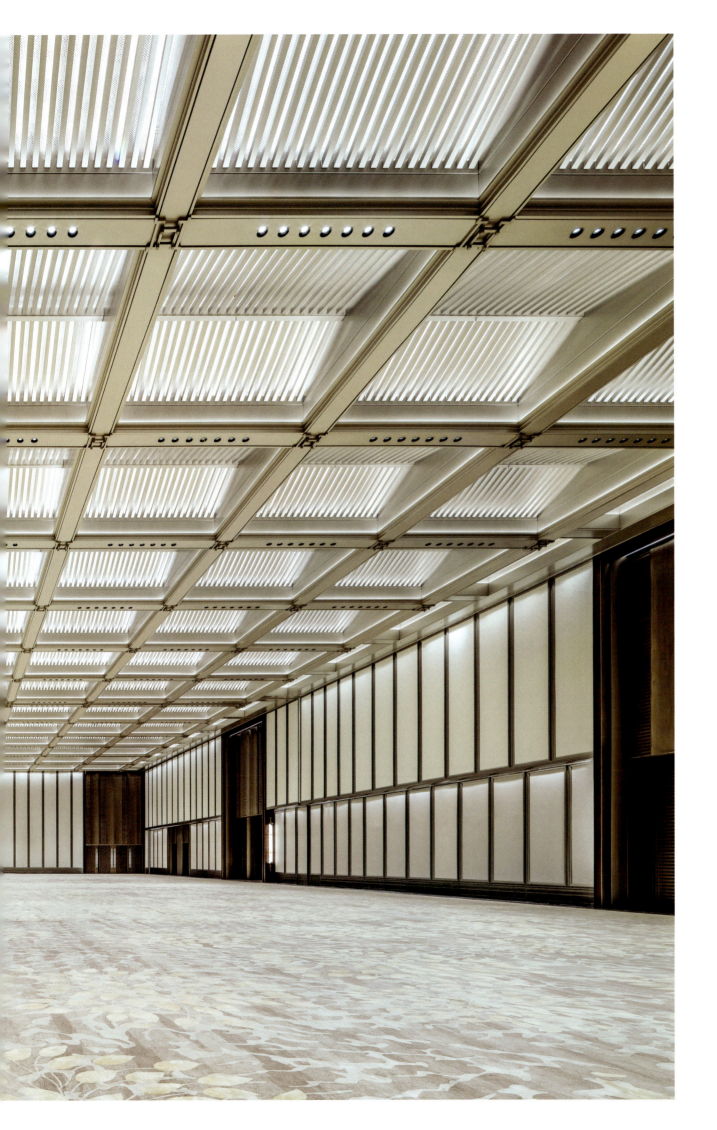

第十一章 首层主会场——步步高升

首层主会场顶棚细节

首层主会场长68.8m，宽39.7m，高11.5m，面积达2850m²，布局方正，可容纳1500人同时使用。空间布局简洁明快，有效地保障了会议功能，设计从立面到顶棚不断提升延伸，取自广东名曲"步步高"的意境。同时在顶棚造型的设计节点处，植入传统岭南建筑构件"升"的造型，简洁现代的设计中不失文化细节。墙面通过造型设计营造出上、下分别为6m与4.5m的两段式结构，起到消解高大空间墙面中部单调、缺乏内容的问题。同时通过上、下两段结构，营造出上升的意向，最终形成造型在顶棚的交汇动势。地毯图案以广东代表性花卉"凤凰花"为设计元素。"凤凰鸣矣，于彼高冈；梧桐生矣，于彼朝阳"。

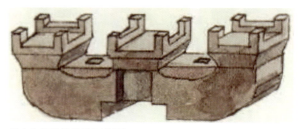

岭南传统建筑构件示意图

顶部由4m×4m的顶棚单元组成，且每个单元均可提供照明效果。顶部共计17根横梁、10根竖梁、91个藻井，每个藻井由46根小梁组成，各组成单元整体稳重。其中每个藻井里不对称设置的小梁在灯光开启后可以产生浪潮的形意。

首层主会场墙面

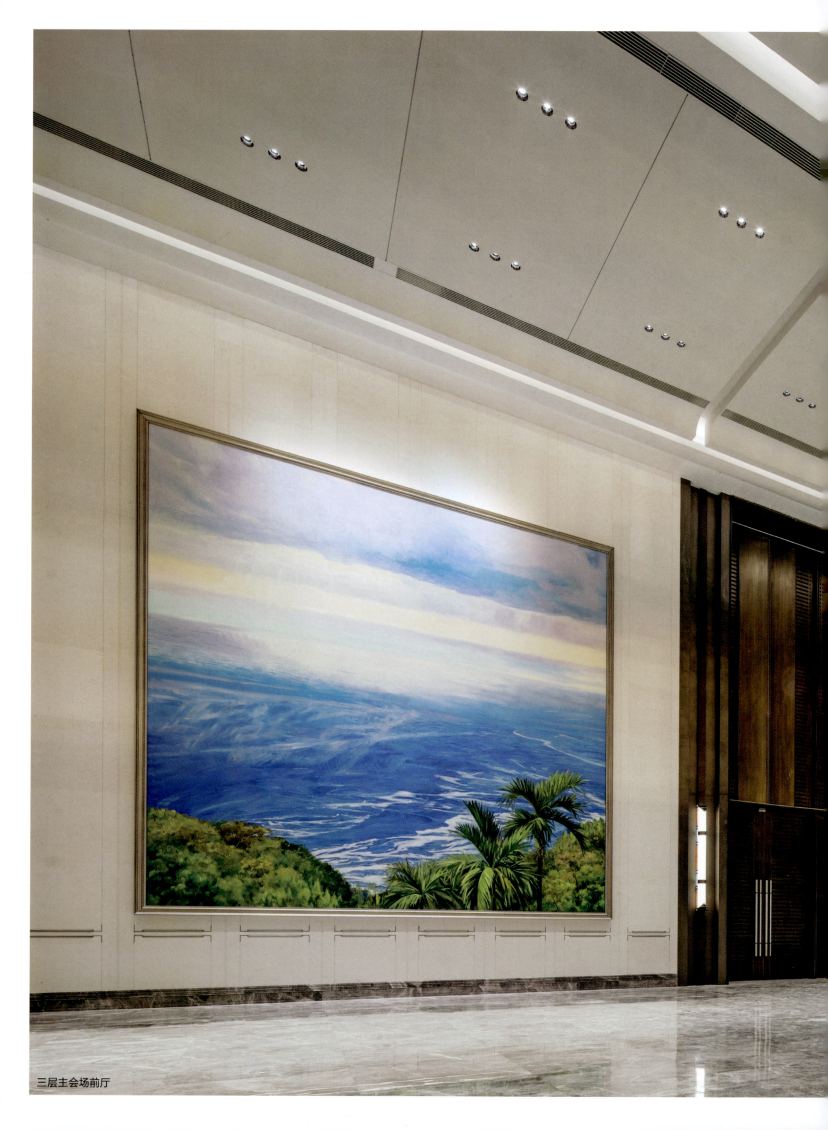

三层主会场前厅

第十二章　三层主会场前厅——万里同风

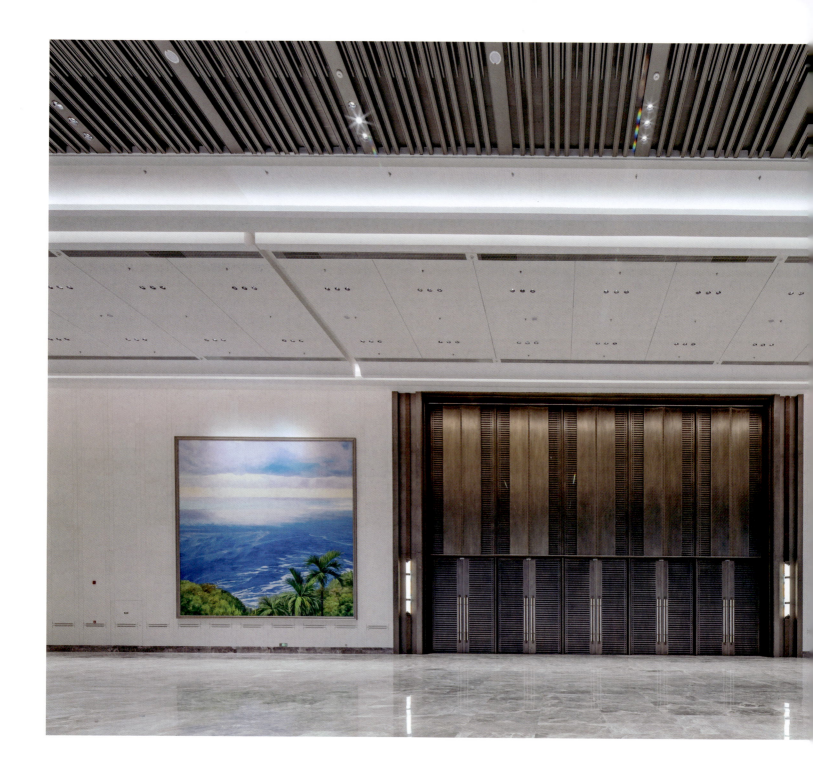

三层主会场前厅艺术品

三层主会场前厅是重要会议的主要通道和汇聚入口，是进入主会场前的视觉焦点空间，要体现"礼"遇宾朋的气度，展现地域特色和国家气质。

在高大宏伟的主会场入口两侧墙面上，有两幅由中国美术家协会范迪安主席创作的题为《万里同风》的油画巨作。该作品描绘了我国南海波澜壮阔、蓄势待发的气韵，与国画《国韵山河》与《江山雄秀》相对而望，整体和谐融洽，富有生趣。

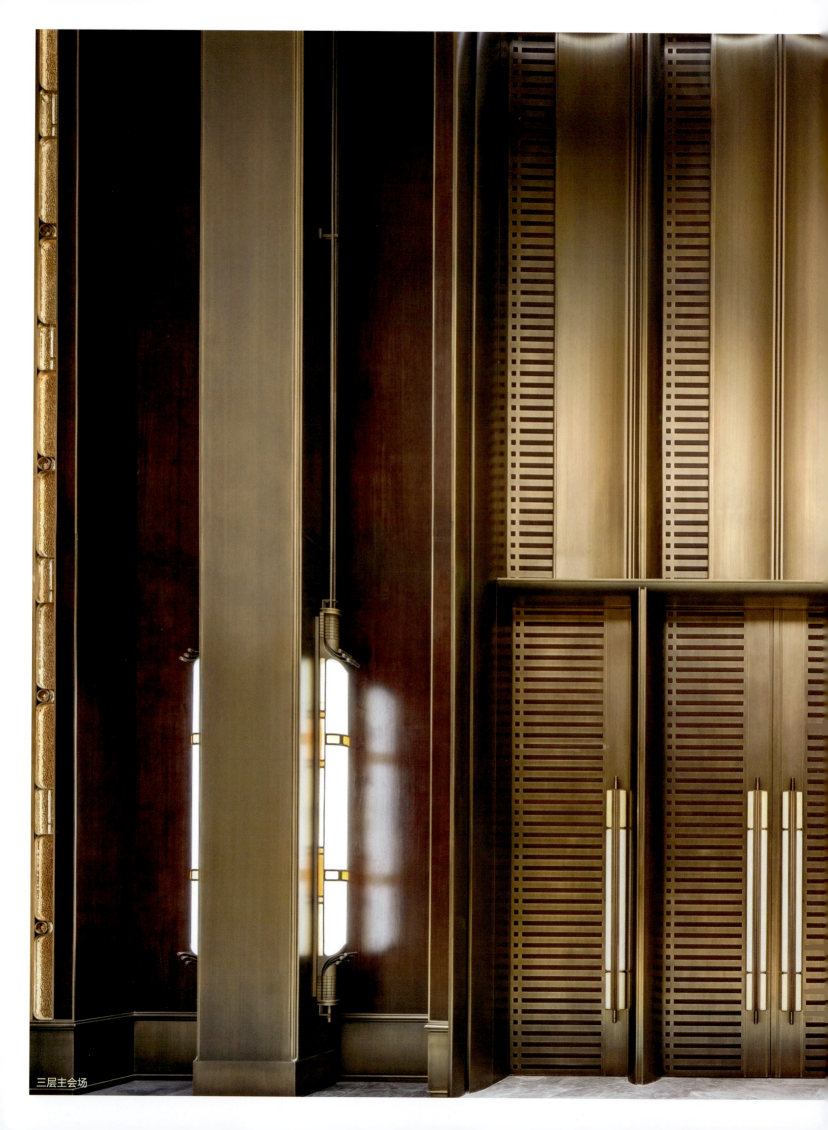

三层主会场

第十三章 三层主会场——锦绣中华

三层主会场主灯"喜相逢"

  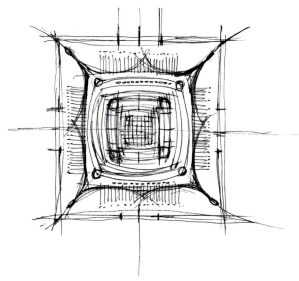

三层主会场主灯"喜相逢"细节　　　　　　　　　　　　　　三层主会场主灯"喜相逢"设计手稿

　　三层主会场在空间设计上体现了强烈的礼仪感和序列感，可满足大型会议需求，体现"礼"遇宾朋的气度，注重空间体量的完整、比例的协调和形体的挺拔，展现地域特色。

　　主会场内部是一个长 58m、宽 42.5m 的空间，高度为 13.5m，中间有一盏 16m×16m 名为"喜相逢"的巨型顶棚主灯。主灯由 9 层装饰造型组合而成，灯名取自岭南传统乐曲曲牌，寓意长治久安。主灯整体结构以岭南建筑元素为设计骨架，结合空间顶棚整体向心的造型结构，营造"汇聚"之势，边缘点缀了"雨打芭蕉"意向的雨檐造型，顶棚中部造型方中见圆，既庄重、大气又有"有朋自远方来，不亦乐乎"的温情。

三层主会场主灯 "喜相逢"

三层主会场设计手稿

地毯与顶棚交相辉映,将传统文化"赛龙夺锦"和木棉花的花形元素进行整合,地毯采用中心式图案设计,与家具摆放完美契合。

三层主会场地毯设计

三层主会场地毯细节

粤韵天合 室内篇

第十三章 三层主会场——锦绣中华

五层宴会厅

第十四章 五层主会场——共庆华章

五层宴会厅墙面

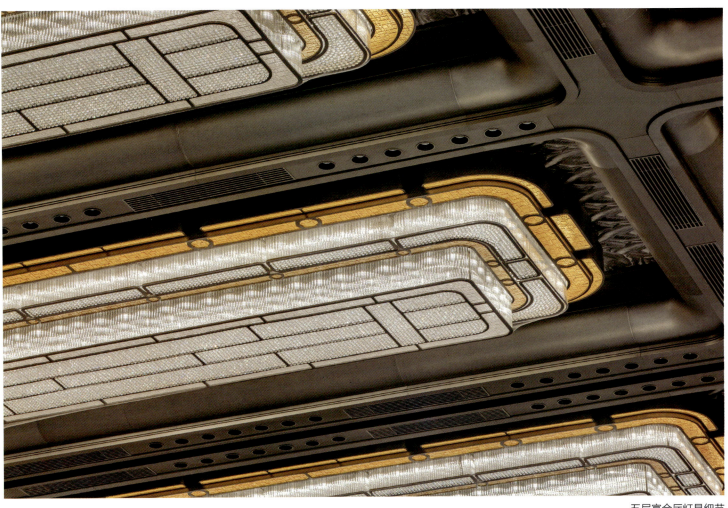

五层宴会厅灯具细节

五层宴会厅四周的立面拔地而起，形成雄壮奔放的气势，内嵌的暖色琉璃以线带面，与三列九排、布满顶棚的水晶吊灯共同烘托出宴会厅热烈喜庆的氛围。

主灯层次丰富，色彩华丽，名为"升平庆"。灯名取自"云山万象、四海升平"之意。地毯素雅宜人，提取了传统纹样与灿烂、轻盈的紫荆花花形元素进行整合。

五层宴会厅墙面灯具细节　　五层宴会厅墙面门细节

　　宴会厅整体空间层次丰富，色彩华丽。墙面采用防火A级布艺硬包系统，运用折板造型手法，将折板造型组合成绵延不断的海浪元素，并于墙面造型之间点缀彩色琉璃元素，既拥有传统建筑的影子，又展现了岭南水文化的融会贯通，形成柔和、坚定的气势。同时，折线形的墙面，不仅使得其板后空腔是连续变化的，避免了单一吸声结构各频段吸声不均衡的问题，而且还有效防止声音在两个相互平行的墙面之间来回反射形成颤动回声，可谓声学功能和装饰造型的完美结合。

　　暖色的墙面与顶棚的彩色琉璃共同烘托出宴会厅热烈喜庆的氛围，融合古今，营造"新中国、岭南风"的意境。地毯选用拥有海洋属性的蓝色并搭配紫荆花设计，寓意团圆、和睦、亲人之间互不分离，与宴会厅的宴请、聚会等使用功能交相呼应。

五层宴会厅墙面

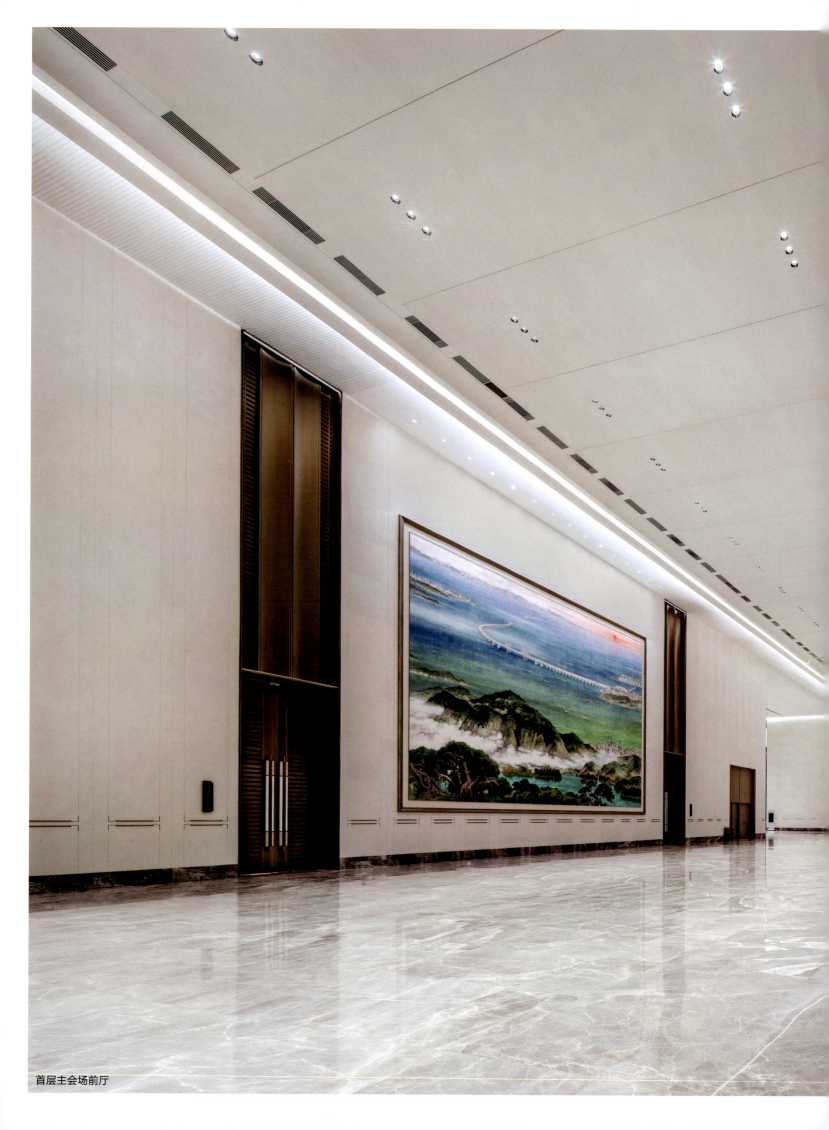

首层主会场前厅

第十五章　公共空间

首层主会场入口

首层主会场前厅作为空间中的"华章序曲"，长 84.8m，宽 21.9m。为了体现公共空间的气宇轩昂，设计上将空间高度提升至 11.7m，以"华章序曲"为理念，打造气势磅礴的空间。入口大门上部的造型形似千帆矗立，与主立面的巨幅国画《碧海长虹》交相辉映。

首层主会场入口细节

首层主会场前厅艺术品

整个公共空间的顶棚设计元素，提取自岭南传统建筑屋顶结构，并加以简化，最终得到中间平整、两侧边缘呈微弧状的造型。顶棚造型靠墙的最边缘处，设计了与墙面、大门对应的密集线条造型。墙面选用浅色石材，以 1.4m 宽的模数排列，营造简洁的竖向分割，使空间更加现代、简约。其中竖向线条造型与顶棚造型结合，共同营造出"雨打芭蕉"的岭南意境。

首层西门厅

云山厅前厅

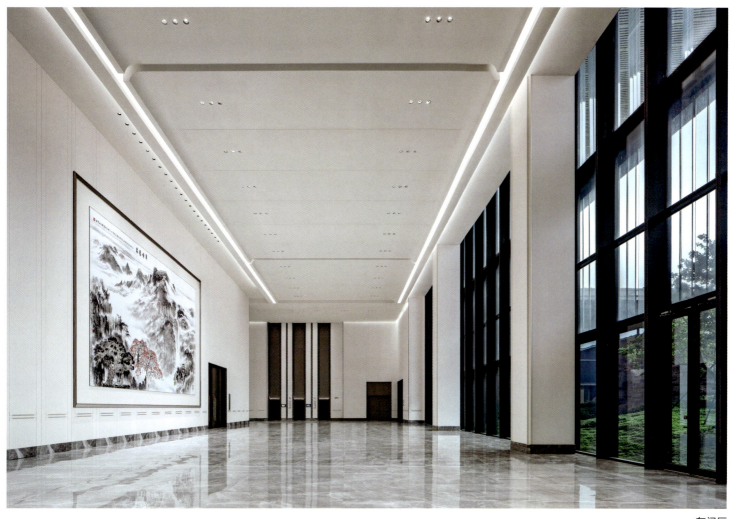

东门厅

　　东门厅、西门厅墙面上现代的线性装饰，表达了极具岭南特色的"雨打芭蕉"意境。雨落叶脉流淌，或滑落成线，或散落成点，或润石留痕……不见芭蕉不见雨，丝丝落落总关情。

　　艺术品《翠峰春泉》以岭南园林庭院为对景，展现五岭英姿，迎接各方宾客，承载着地域文明的历史印迹，沐浴着最原汁原味的南国春风。

　　西门厅入口是日常运营入口，空间简洁大气，强调了序列感与通透性。艺术品《百花齐放》以"百花齐放、繁荣富强"通构整体，以"花"为元素贯穿全幅，而画面以新中国成立以来各省花、市花、区花或代表性花卉拼贴组合成形，国花牡丹居中，以绿叶相映，万紫千红间枝繁叶茂，虚实层叠，郁郁葱葱间彰显华彩斑斓。

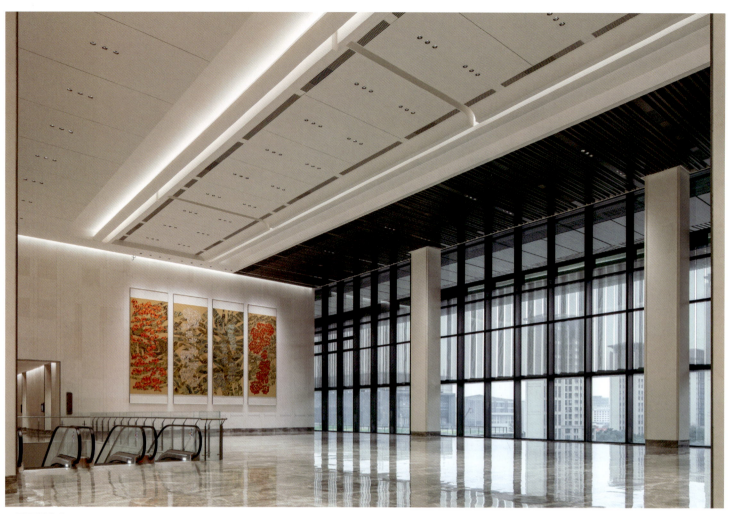

三层西侧休息厅

　　三层休息厅兼具多种功能，一方面是礼仪空间，一方面也是文化展示的窗口，同时还融合了展览多场景运营功能和礼仪空间为一体，其中西侧望城市中轴，结合室内墙面一幅以岭南地域特有风物为主题的艺术品《吉祥岭南》，呈现一片欣欣向荣、岭南时代新韵的景象。东侧紧邻白云山，结合墙面生机盎然的艺术品《根深叶茂》，室内外交相呼应，体现了岭南扎根深土、四季常青、叶茂如盖的景象。

三层东侧休息厅

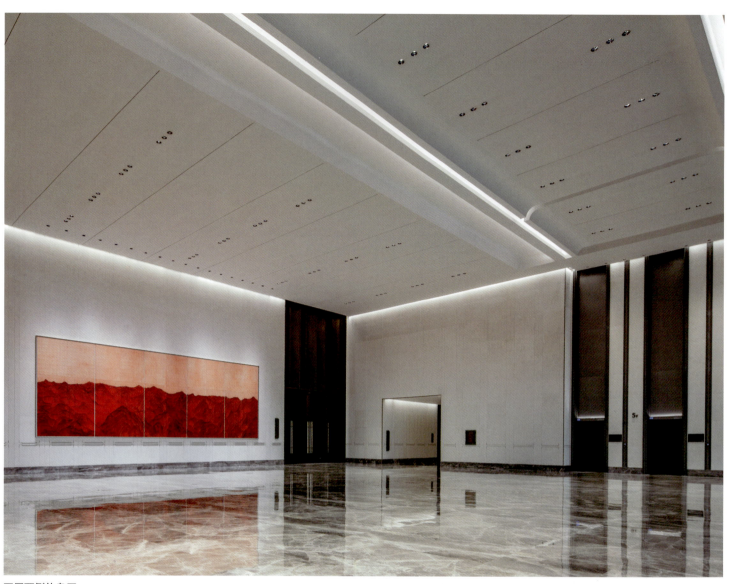

五层西侧休息厅

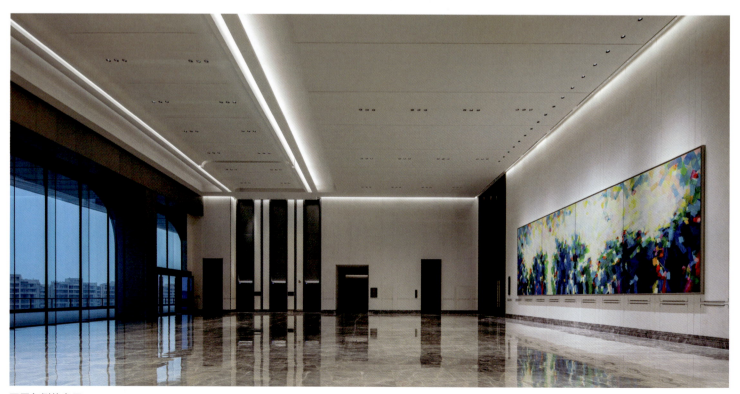

五层东侧休息厅

五层宴会厅前厅艺术品

五层宴会厅以"容"为国际化定位，体现共融世界、四海升平的意象和云山江海、面向未来的气魄。前厅艺术品《共建家园》选用蓝绿色调，蓝象征着"天"，绿象征着"地"，对称和错乱的拼合结构使画面之间既是整体又各自独立。

东、西侧休息厅通透明朗，东侧休息厅以主立面艺术品《赤壤三千》为焦点，点睛整个空间。西侧休息厅有巨幅油画《与时偕行》悬挂在入口处。

会客厅灯具细节

会客厅壁灯细节

会客厅顶棚

　　会客厅是一层中轴线上兼具贵宾休息与会见功能的空间。

　　室内空间以"丹映中华，四海归心"为理念进行设计。顶棚设计采用由四边向中心提升、汇聚的向心形态。四面层叠上升的造型取自岭南传统建筑的屋檐，而中心的主灯用彩色琉璃表达出温暖祥和的意境，名为"玉满堂"，取自"和合共生、金玉满堂"之意。地毯设计也以特色花卉植物为元素，表达盛世祥和的空间氛围。

第十六章 贵宾接待厅及会议室

会客厅

贵宾接待厅局部

贵宾接待厅

贵宾接待厅家具

贵宾接待厅家具细节

贵宾接待厅极具岭南风格特色，家具以红木材质为主，样式多以镂空透雕并结合广作家具卯榫结构工艺打造而成。沙发座椅下方采用镂空设计，释放出足够的空间，解决人脚部与家具的磕碰问题，以确保贵宾站立时可借助此空间向后方发力。在沙发扶手处，设计了山形透雕图案，寓意岭南园林的自然生态之美。茶几独板桌面采用了广作家具中常用的螺钿镶嵌花卉图案，结构同样以广作家具卯榫结构工艺为主，以框架形式展示出岭南园林雅致通透的特点以及结构样式。

贵宾接待厅

贵宾接待厅墙面细节

贵宾接待厅地毯细节

贵宾接待厅整体简洁细腻，空间通过可开合的屏风墙面与室外园林相融，内外通透，心旷神怡。主背景是一幅题为《海丝映粤》的油画作品，表现了广州古往今来的"海丝文化"。贵宾接待厅的沙发以20世纪70年代人民大会堂的贵宾接待沙发为原型，在吸收了明式家具风格的基础上，又根据新的功能要求，设计成造型新颖、色调明亮、富有时代感而又颇具民族风格、地域特色的沙发，尤其是茶几，更是直接借用了明式家具的造型。

在沙发扶手设计上，采用广东西番莲图案的木雕，沙发腿足与茶几腿足造型元素均取自岭南建筑屋脊造型，极具岭南风格，既满足使用功能，同时还保证视觉统一、美观。

贵宾接待厅局部

园林会议室

会议室

会议室整体风格简约大气，整洁有序，通过融合岭南文化的元素造型，打造一个让人感到舒适、安静、专注的空间。同时采用各类智能控制系统和先进的会议设备，科技的融入让会议空间变得更加智能、高效和人性化，为与会者创造一个最佳的交流环境。

会议室家具

门细节

墙面细节

云山厅标识牌

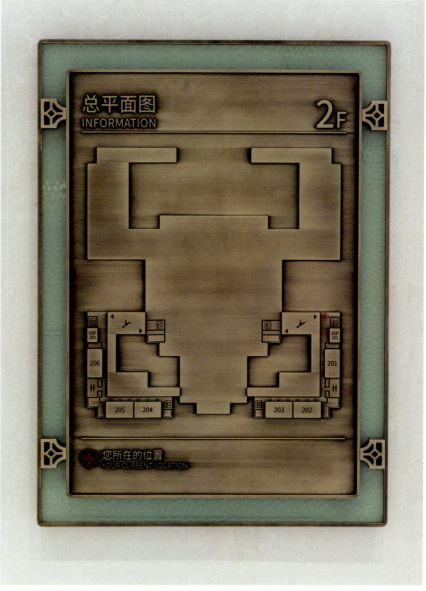

导视系统设计

国际会堂的标识导视设计，是对纷繁复杂的信息进行串联、整合、归整、呈现。装饰背板以青色琉璃作为点缀，代表着高贵的形象，营造出青山绿水、青云之间的雅意，将自然之美和人文特色融入其中，既起到装饰的作用，也传承了广州的传统文化。标识导视的表面图案选择了广州市花木棉花的纹理作为点缀，象征着繁荣与盛开。

配图标识设计构思

第三篇 景观篇 国风粤韵

项目景观设计从建筑与场地的关系、建筑形体特色以及内部空间等方面彰显新岭南的地域文化特色。通过"依山势、理水系、引绿脉、通视廊"梳理场地关系，塑造山环水抱的场域格局。

依山势，场域设计与毗邻的白云山融为一体，实现城市与山景的自然衔接；理水系，景观水系与大金钟水库的水脉呼应，形成云山珠水的格局；引绿脉，将白云山的绿脉引入整个园区；通视廊，借景白云山，形成景观视线通廊。

第十七章 场地理念构思与对策

研究主体建筑与场地的关系，合理利用场地周边的环境特点，结合场地高差，屏蔽场地周边的不利因素，提炼建筑的形体特色，以景观与室内视线空间的联系为场地思路，运用"塑场域、筑新境、览盛景"的策略打造一个具有礼仪性、时代性、创新性的景观环境。

国际会堂与大金钟湖畔航拍实景图

项目通过外部环境、内部庭院、观景平台形成层次丰富的"三境"景观，创造"迎""聚""开"的空间感受和体验。

一境"国风迎宾"，在满足高规格会议及日常运营主宾、贵宾、后勤、媒体、安保等多种流线需求的同时，营造恢宏博雅、大气凛然的首层外环场域，烘托建筑的宏伟尺度。

二境"粤韵致景"，利用建筑三个主要内庭空间，打造古今融合、典雅精致的新岭南特色庭院。

三境"云山盛境"，二、三、五层平台简约处理，运用"临界面交融""景观视点抬高"等造园手法，将观景视线向山景引导，实现牵林挽翠、一览盛景的观景平台。

白云国际会堂景观设计理念

云山广场实景航拍图

第十八章　南入口——国风迎宾，云山广场

云山广场视觉打卡点分析图

作为会议来宾的主入口，南广场承接了红毯迎宾、室外合影、升旗仪式等高规格会议的重要礼宾环节。

云山广场对标国内外大型会议建筑的礼仪广场尺度，通过最佳合影广角视线分析，结合接待礼仪功能需求，最终确定南广场尺度为：长126m，宽78m，呈现一个开阔的场域烘托主体建筑的气势。

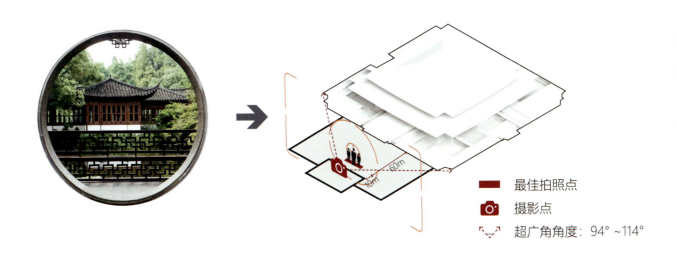

■ 最佳拍照点

📷 摄影点

⌐⌐⌐ 超广角角度：94°~114°

国风粤韵 景观篇

云山广场实景图

第十八章 南入口——国风迎宾·云山广场

- 155 -

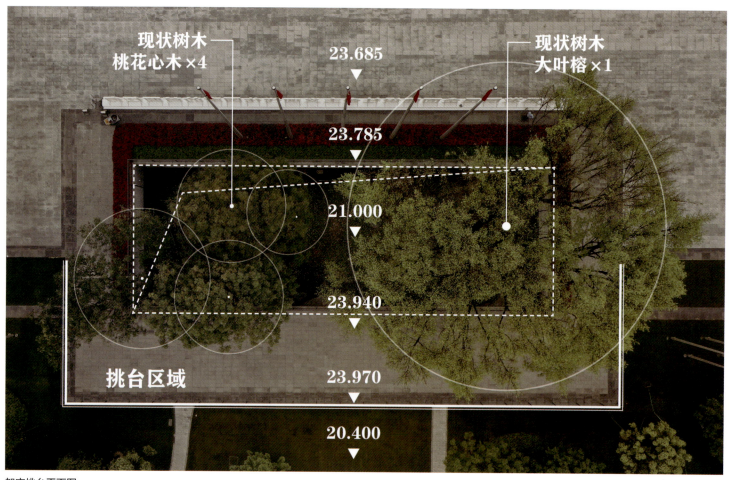

架空挑台平面图

架空挑台剖面图

第十九章 南公园——九曲文华，云山公园

架空挑台实景图

界面交融

云山公园取古代文人墨客"曲水流觞"的雅义，将蜿蜒水脉引入场地，通过旱溪雨水花园的形式与金钟水库的水系形成呼应，将其打造成会议区后花园。

为贯彻落实"绿水青山就是金山银山"的生态理念，尤其是保育好云山广场上原生的66年树龄的黄葛榕，云山广场几经修改，最后以架空挑台的手法，既巧妙保护了古树后续资源，同时又形成了架空的生态休憩区。整个场地外围也大量使用乡土植物，呈现岭南地域特色。

西庭院　世界
体现丝路地图、世界胸怀、风格简洁、现代

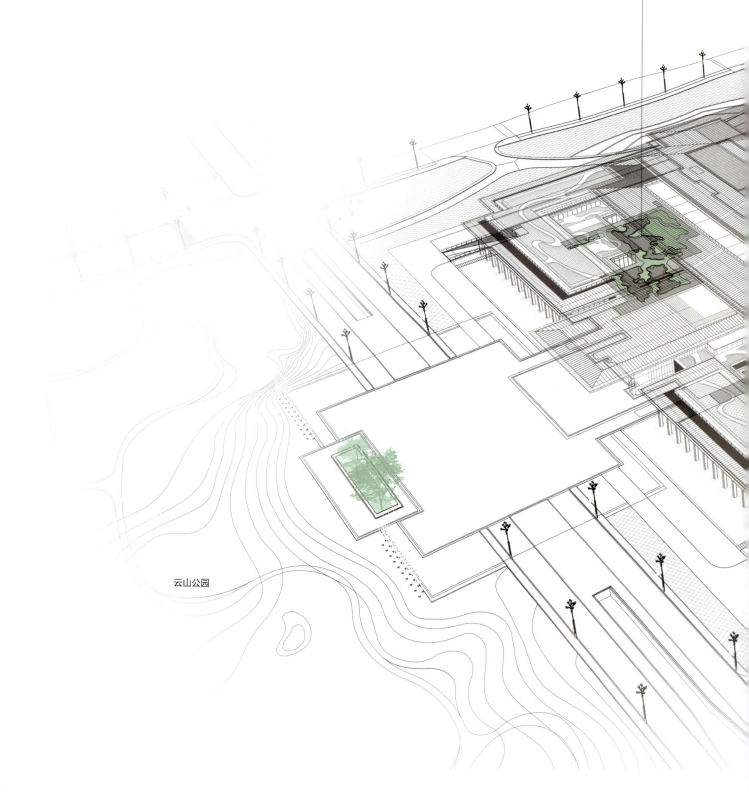

云山公园

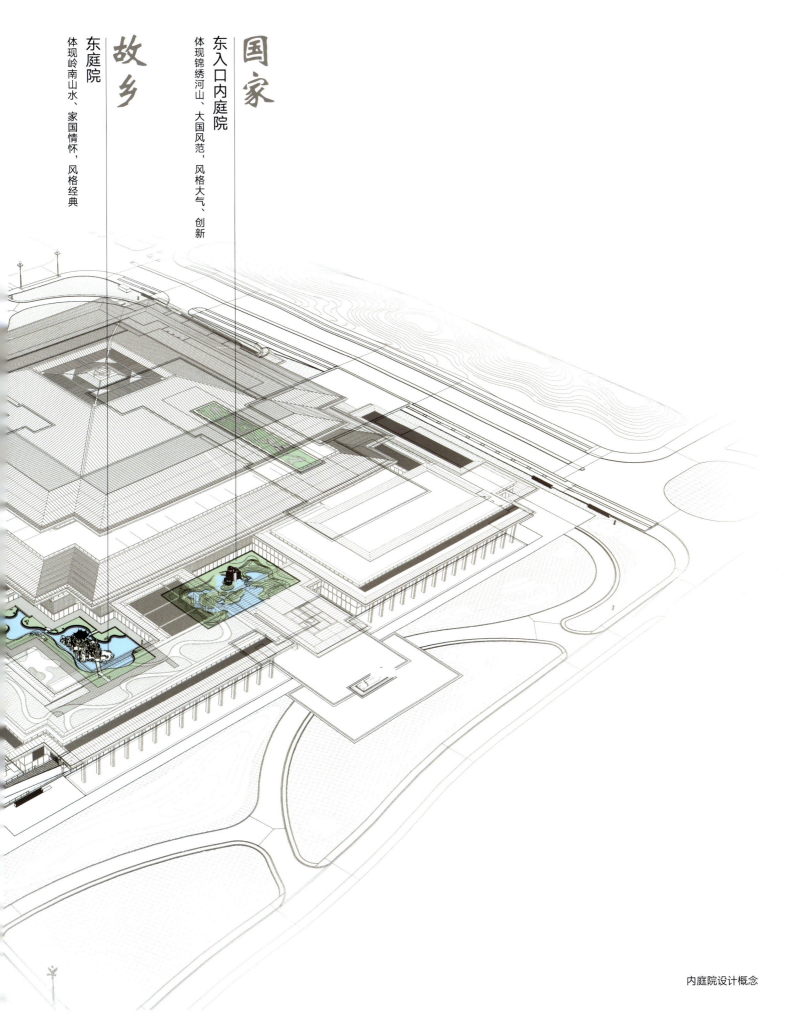

国家
东入口内庭院
体现锦绣河山、大国风范，风格大气、创新

故乡
东庭院
体现岭南山水、家国情怀，风格经典

国风粤韵　景观篇

内庭院设计概念

第十九章　南公园——九曲文华，云山公园

- 159 -

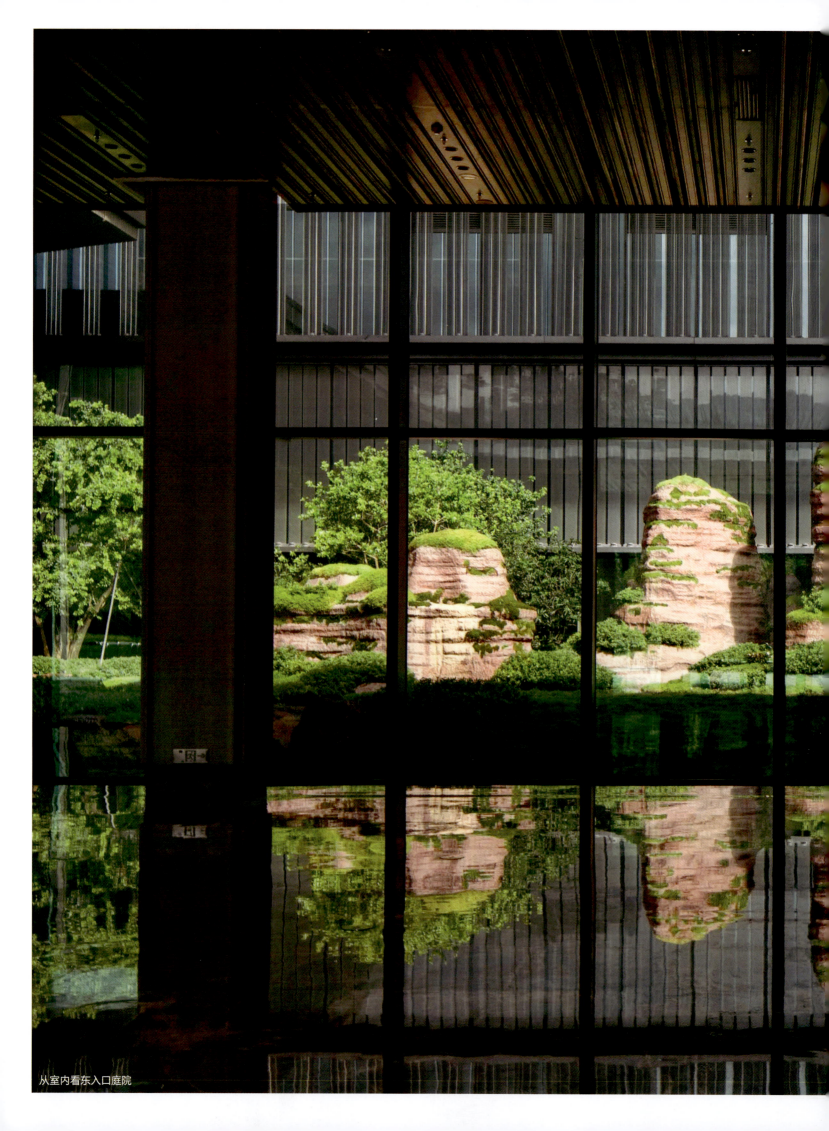

从室内看东入口庭院

第二十章 东入口庭院——粤韵致景，南粤丹霞

东入口庭院实景图

东入口庭院——粤韵致景,南粤丹霞

"南粤丹霞,红岩绿翠"以广东唯一的世界自然遗产丹霞地貌为灵感,通过师法自然、移天缩地、以小见大的传统造景手法,体现红岩绿翠、山水相映的南粤特色,向世人展现山河之美。

山体工法研究过程

　　山体通过现代数控技术,模拟丹霞地貌特有的身陡、顶平、麓缓的形态特征,呈现一个色如渥丹、灿若明霞、一眼丹霞的场景,打造全国首个以丹霞地貌为主题的特色庭院。

东庭院实体模型制作

1. 广东丹霞山实地考察,研究山体纹理。
2. 3D 建模并打印 1∶100 实体模型,推敲庭院空间关系。
3. 施工现场挂布,复核山体体量及庭院空间关系。
4. 制作 1∶50 泥稿实体模型,丰富山体纹理。

5. 手稿结合参数化方式对人工山体表面纹理进行精细化处理。
6. 3D 模型细化雕琢表面纹理。
7. 精细化加工 1∶5 山体泡沫实体模型,细化山体纹理。
8. 用宁德红石材制作 1∶1 的山体局部石材样板,进一步细化山体纹理。

9. 研究丹霞山植物特点。
10. 3D 模型研究植物体量、位置,考虑观景视线关系等。
11. 实体模型复核植物位置,研究植物形态。
12. 现场施工尝试多种植物,以达到最自然还原的绿化效果。

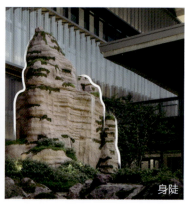

麓缓　　身陡　　顶平

从创作到落地过程图

东庭院实景图

山体实施及结构研究过程

石材经过多次比选，最终选用了宁德红作为丹霞主要材料。宁德红石材荒料的尺寸大约在 1200mm（长）×600mm（高）×（150～350）mm（厚）范围内，每 600mm 一层横向分割假山，4 座假山共分割为 29 层，再将 29 层假山进行分块处理，4 座假山共分割为 375 块。

结构做法：钢立柱——一次钢结构轮廓—二次钢结构龙骨—背栓固定石材—石材上下采用榫卯结构固定。

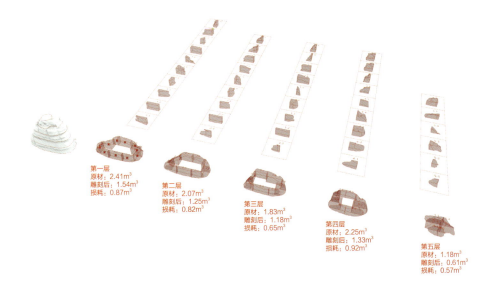

山体块体解构图

第一层
原材：2.41m³
雕刻后：1.54m³
损耗：0.87m³

第二层
原材：2.07m³
雕刻后：1.25m³
损耗：0.82m³

第三层
原材：1.83m³
雕刻后：1.18m³
损耗：0.65m³

第四层
原材：2.25m³
雕刻后：1.33m³
损耗：0.92m³

第五层
原材：1.18m³
雕刻后：0.61m³
损耗：0.57m³

东庭院实景航拍图

第二十一章 东南庭院——云山新境，珠水思源

东庭院夜景

东庭院——云山新境，珠水思源

庭院中山体采用英石置山的手法形成庭院中的障景，巧妙地解决会议室与贵宾休息室的视线交叉问题。假山顶设有一亭，名曰无我；无我亭采用了常见的岭南六角亭形式，屋脊曲线轻盈秀美，屋角高高翘起。有别于北方亭子的厚重华贵、金碧辉煌，无我亭更为轻巧奇秀，富有诗意雅趣。

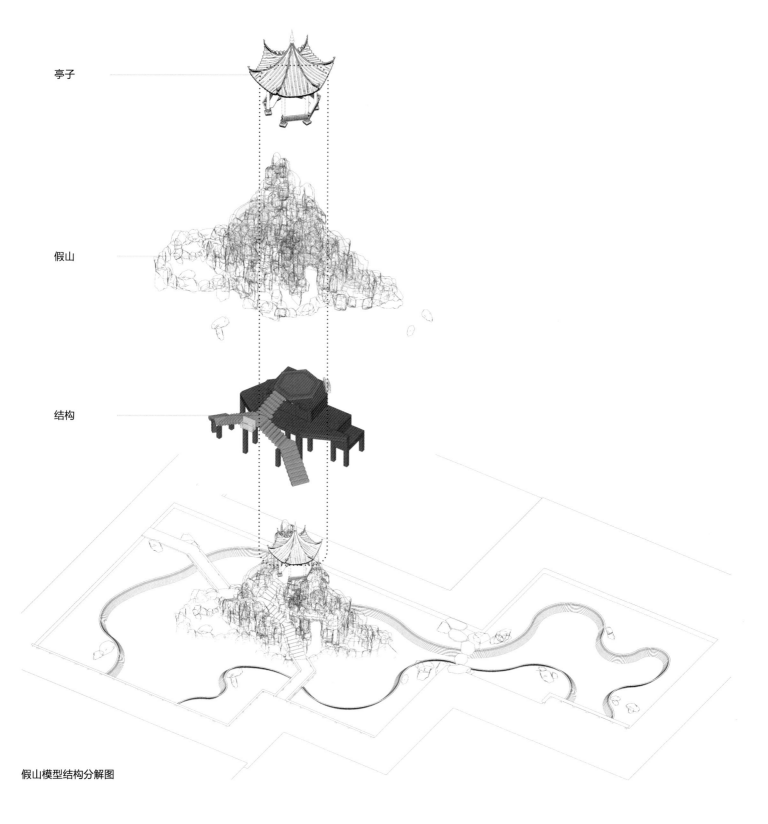

亭子

假山

结构

假山模型结构分解图

以"故乡"为创作主题，以岭南四大园林之一清晖园的凤来峰作为灵感来源，把岭南韵味通过传统岭南古典园林的造景手法演绎表现。

庭院虽小但绵延浩瀚，浓缩了自然山景和岭南特色，蕴含了浓浓的故乡情怀。结合安保需求及观赏视觉需求，在两个空间设置假山障景。同时假山作为整个庭院的景观制高点，成为整个庭院游线的视觉焦点。

假山与两个会议室的距离设置成不等分状态，以营造不同的空间感受，避免过于呆板的空间体验，以假山为庭院景观核心，围绕假山在周边设置亲水平台、平桥、汀步、置石等，整个庭院通过蜿蜒曲折、高低错落的空间，极大丰富了可游玩性。此外，庭院中也充分考虑室内外视线的连通，从不同功能的室内空间看出去的景色也不一样，充分显示了中国古典园林步移景异、曲径通幽的特点。

东庭院实景图

国风粤韵 景观篇

第二十一章 东南庭院——云山新境,珠水思源

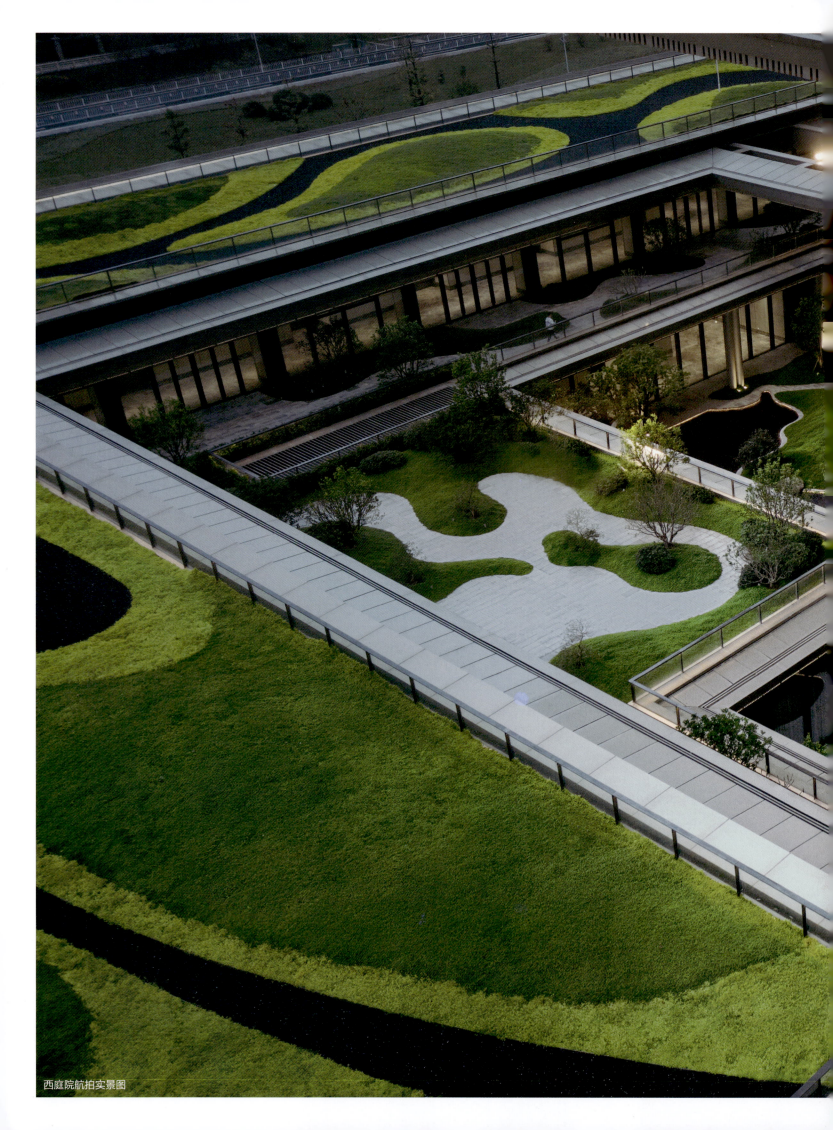

西庭院航拍实景图

第二十二章 西南庭院——粤韵致景,海丝映粤

西南庭院局部

西南庭院——粤韵致景，海丝映粤

以"世界"为主题，选取"古代海上丝绸之路、五洲命运共同体"的概念，作为贵宾接待室外的西南庭院景观，应体现大国气度和世界胸怀，将岭南海上丝绸之路的版图融入庭院的平面设计中，五个山体如五大洲从水中升起，象征着五洲共同体、世界同呼吸。

西南庭院实景图

三层观景平台

第二十三章 空中平台——一览盛景，云山看台

五层观景平台

大金钟湖畔公园北接国际会堂，西邻白云国际会议中心，南侧与云溪植物园相连，东接大金钟水库。

该公园以"云湖共影，绿色客厅"为景观理念，打造国际会堂在自然背景下与湖光山色、日月星辰交相辉映的景象。

区位图

第二十四章 大金钟湖畔公园——云湖共影，绿色客厅

大金钟湖畔公园航拍实景图

月影亭实景图

大金钟湖畔公园——云湖共影，绿色客厅

大金钟湖畔公园连接周边各个功能地块，形成山水融城的一体化大会议园区。

日升广场以"羊城八景"中的"扶胥浴日"为灵感，取白云山日出的意向，打造白云新城地标新形象。汇聚人气的广场空间，结合自然、轴线感突出的入口空间，展现了大气、现代的国际大都会形象。

月影亭以白云山明月为灵感，寻找月相变化与岭南文化的联系。景观中融合月相、岭南传统节日等元素，以现代手法呈现出来。

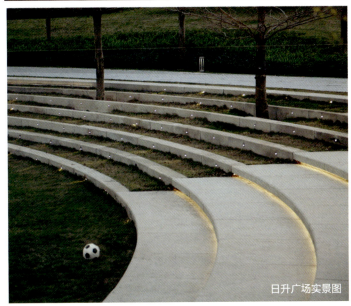

日升广场实景图

附录

附录一　感言

黄维纲

越秀集团广州市城市建设开发有限公司
副总经理
广州裕城房地产开发有限公司总经理

在越秀集团的辉煌历程中，每一项重大工程的落成，都是我们对企业精神深刻践行与社会责任坚决担当的生动注解。白云国际会议中心国际会堂的璀璨绽放是继广州西塔后的又一个跨时代力作，我们不仅见证了一座会议殿堂的诞生，更是目睹了越秀集团在新时代背景下的企业精神、社会责任感以及卓越的组织能力。

国际会堂从蓝图构想到今日的宏伟现实，凝聚了越秀人对品质的不懈追求和对细节的极致雕琢。这一项目的成功建设，充分展现了越秀集团"信念、信用、信任、信心"的团队精神。我们坚持以诚信为本，与合作伙伴共筑信任基石；我们强调团队协作，汇聚多方智慧与力量，共同面对挑战；我们追求卓越，力求在每一个环节都达到行业领先水平；我们鼓励创新，不断突破传统边界，探索未来发展的无限可能。

项目不仅庄重大气，功能先进齐备，更是融入了地方岭南文化及中国的传统经典文化。在这里，我们可以看到以江海之情迎接八方来客的精神，可以看到彰显大国风范和众智集贤的气魄，也能感受到海纳百川、放眼世界的胸襟。这里是一座集文化、艺术、科技于一体的殿堂，是过去、现在和未来的完美融合，是文化传承和创新的集中体现。同时项目实施过程中也充满着挑战与艰辛，是对越秀集团综合实力的考验，但我们始终坚持高标准、严要求，以精益求精的态度，确保工程的每一个细节都达到一流水平，突破了各类难题，同时充分发挥了越秀集团在项目管理、资源整合及运营方面的优势，确保了工程的高效推进与高质量完成。通过科学规划、精细施工、严格监督，不仅保障了工程进度与质量，更是在环境保护、节能减排等方面树立了行业标杆，体现了我们对可持续发展理念的深入贯彻。

展望未来，白云国际会议中心国际会堂将承载着促进文化交流、经贸合作的重要使命，为提升城市形象、促进发展注入新的活力。能够为这一目标的实现贡献自己的力量，我们深感荣幸；能够成为推动社会进步的见证者，我们也深感自豪。

我们将继续秉承"成就美好生活"的品牌理念，以更加开放的姿态、更加创新的思维，为推动经济社会发展做出新的更大贡献。今日之成，是越秀精神的闪耀，更是对未来无限可能的期许。

郭秀瑾

越秀集团广州裕城房地产开发有限公司
总经理助理
国家一级注册建筑师

四年前的初春，越秀集团为国际会堂及其周边片区的提升改造组建了一支专业的建设管理队伍，我作为成员之一参与了这个富有挑战性的项目。肩负着集团的期望与使命感，怀揣着忐忑的心情和团队来到这片陌生的土地，即便从业多年，回看来时路，却是一段职业生涯未有过的经历。

国际会堂作为近年来集团的重要大型建设项目，除了要满足高规格的会议接待功能，还承担着彰显岭南神韵、传承文化担当的重任，是一座集"科技之光、艺术之韵、自然之美"于一体的殿堂式建筑。自项目启动以来，我们遵循着"诚信、务实、创新、共赢"的企业品牌核心价值观，倾尽全力投入每一处细节中，无论是在蓝图构思阶段，还是在具体实施过程，始终保持对品质的极致追求，努力塑造超出预期的产品。

在国际会堂的建设中，我们携手何镜堂院士与国内顶级艺术家等参建团队一起攻坚克难，对建设过程存在的制约条件、技术难题，通过灵活调整技术、反复试验和优化，形成解决方案，为日后同类型问题提供了应对策略。期间还获得众多行业专家的指导，使项目得以在快速的建造周期下确保每一处空间都达到功能性与美观性的高度统一。我们以创新的思维，将传统美学与现代建筑技术巧妙结合，打开了文化与建设深度融合的新格局，让文化"落地生根"。我们用共赢的理念引导与所有合作伙伴紧密协作，打造出一个既具有地域特色又展现时代精神的会议场所。

大金钟湖畔倒映出四年来无数个温暖的瞬间，能参与项目的建设我们深感荣幸，广州白云国际会议中心国际会堂的建成，是我们对产品精益求精的最佳诠释。如今，它以卓越的品质和独特的魅力提升了广州的城市形象和影响力，而这座熠熠生辉的建筑也是越秀集团追求完美、砥砺前行的最好见证。在未来，我们将继续秉持这份对完美的执着追求，不断探索和创新，为成就美好生活、推动城市建设与人居环境的高质量发展做出更大贡献。

张振辉

华南理工大学建筑设计研究院
何镜堂建筑创作院副院长
教授级高级工程师

　　国际会堂是广州云山珠水岭南都会大美画卷上的又一颗建筑明珠，是目前国内外规模最大、功能完备、独具特色的高水平会议建筑之一，是广州完善国际交往城市功能的战略设施。

　　国际会堂作为白云新城"青山入城"的核心节点，以"云山叠景"为设计构思，中华仪典、岭南殿堂的建筑制式与山水环境唱和相应、礼乐相成，营造了人文与自然高度交融的"云山观景台"。

　　重檐飞宇、恢宏深远的建筑造型发轫于中国礼制建筑范式，融合了岭南大榕树枝繁叶茂、生机蓬勃的文化意象，在"云山向晴、珠水流金"的精美外幕墙映衬下，尽显大国风范和岭南风采，塑造了新时代的"岭南新经典"。

　　空间营造注重大国礼仪空间序列与云山美景岭南园林的多维交融。空间骨架中心统领，层次递进，园林环绕，景台远眺；空间体验宏雅轩敞，通透交融，和光倾洒，山园辉映；艺术品大家云集，华彩汇聚。这些因素共同造就了体验感优越的"园林主会场"。

　　设计以"连贯性"思考打通规划、建筑、装修、景观、幕墙、泛光等全专业维度，集中体现了大型新岭南园林建筑的特色，为广州打造了一张新时代的文化名片。

　　能够在完成青岛国际会议中心（上海合作组织峰会主场馆）等项目之后回到广州，在何老师总体指导下创作国际会堂这座意义重大的建筑，我深感荣幸！更加难忘的是为了项目携手奋战的那些人和事！项目的成功，离不开越秀集团的组织统筹、参建各方的通力合作和社会各界的鼎力支持！正是：珠水延绵蕴流金，云山葱郁总向晴；众心鸣泉三载功，山水叠景筑殿堂。

张　涛

北京建院副总室内设计师
北京建院装饰副总经理、总设计师

　　国际会堂的室内设计工作，是一个深具地域特色和文化底蕴的设计议题。国际会堂的建筑设计以其独特的建筑美学、空间布局和文化内涵，为室内空间的设计工作奠定了丰富的空间基础，同时也为广州这座现代化大都市注入了浓郁的历史与文化气息。岭南风格强调的是与自然和谐共生、以人为本的设计理念以及精致细腻的工艺美学。广州作为岭南文化的中心，其公共空间的设计更应该体现这种文化的独特性和地域性。

　　设计之初，作为北方设计团队进行了多方面的学习与研究，包括岭南文化的精神内核以及建筑风格、材料运用、色彩搭配等诸多方面，将青砖、瓷片、彩玻、白墙等元素，通过色彩和肌理的思考，合理恰当地运用到公共空间的设计当中。

　　首先，是对于空间界面追求岭南文化的意境与融合。岭南建筑会根据当地的文化、背景、情调和神韵等方面来构思，凸显当地的特点。这种设计理念旨在使建筑与自然、人文环境融为一体，形成和谐共生的关系。因此，在会议前厅和主要公共空间构成中，尽可能简化装饰语言，将建筑的外部形态引入室内界面中，强调了空间与空间的衔接和融合。

　　其次，就是空间的通透性与开放性。岭南建筑通常以轻巧和通透为特点，这与其古闽越文化的底蕴密切相关。我们在项目的主要入口，如前厅，都进行了空间通透开放的处理，旨在原有空间构成基础上打开分界，利用室外的庭院景观与室内自然视线的穿透与共享，形成贯通和对望，室内室外的借景、空间逻辑的连接都是对项目文化性的体现和尊重。

　　最后，是注重细节与工艺。岭南建筑在细节处理和装饰方面非常讲究，运用雕花、镂空、彩绘等工艺，营造出精美绝伦的建筑艺术效果，极具岭南风韵，这些装饰元素不仅具有审美价值，还体现了南国独特的文化魅力。国际会堂在室内设计元素运用上引入了广瓷、琉璃等材质，门板的凹凸肌理、拉手的细腻雕琢与空间立面的大面积留白形成强烈对比，体现了项目的立面量感与节奏。

　　国际会堂的室内空间设计充分考虑了尊重自然与生态环境。建筑设计最大限度地强调了自然和生态环境的融合，室内设计在空间布局和空间关系上，同样注重了环境的协调，实现室内空间与建筑、细节与自然的和谐统一，设计结果不仅是思想的体现，更是文化的传承和创新的过程，在尊重历史和文化的基础上，进行了不断的探索和尝试，为广州这座充满南国魅力的都市打造出更具有韵味的地标项目增加特别的色彩。

附录二 特别鸣谢

图片来源：

华南理工大学建筑设计研究院有限公司：
封面及封底，第 14、15、18~21、26~30、34~45、49~59、62~67、72 页手绘图、设计图、分析图，第 44、51、57 页摄影图片，第 146~149 页图片，第 150 页分析图，第 154~156 页分析图，第 158~159 页分析图，第 164 页分析图，第 167 页部分照片及所有效果图、分析图，第 168~169 页图片，第 170 页分析图，第 178~179 页图片，第 180 页总平面图

九里建筑摄影：
第 11~13、16~17、20~33、36、38、40、42、44、46~48、50、52~54、56、58、60~61、64~77、156~157 页摄影图片

北京建院装饰工程设计有限公司：
第 36、38、40、42 页部分摄影图片，第 78~145 页摄影图片、手绘图

超越视觉：
第 151~153 页图片，第 157 页图片，第 160~164 页图片，第 165 页部分图片，第 166~169 页图片，第 173~179 页图片，第 181~183 页图片

广州普邦园林股份有限公司：
第 165 页部分照片

建 设 单 位：越秀集团广州裕城房地产开发有限公司
管 理 团 队：黄维纲　司徒毅　季进明　李力威　刘焘　郭秀瑾　梁伟文　马志斌　胡德生　徐建峰
　　　　　　吴仲明　蔡向东　王有炜　陆乾　项耿　肖京平　伍仁鹏　张黎　庄祺　郭珺
　　　　　　王佳　侯盛年　钟大雅　杨新涛　赖志伟　朱娴　许培畅　胡艺枫　朱洪震　肖彦
　　　　　　沈元勋　梁家锋　盘小健　梁桂健　丘俏静

建筑及景观
设 计 单 位：华南理工大学建筑设计研究院有限公司
总 负 责：何镜堂
建筑设计成员：张振辉　何炽立（项目负责）　李绮霞　刘涛　谢敏奇　李凡（建筑）　江毅
　　　　　　王嵩（结构）　陈祖铭（暖通）　陈欣燕（给水排水）　俞洋（电气）　耿望阳（消防电）
景观设计成员：张振辉　郑旸（项目负责）　李绮霞　麦子睿　欧建聪　李志昌　史梦霞（方案）
　　　　　　邹继前（景观园建）　林宪詠（绿化）　杨石泉（景观机电）

室内设计单位：北京建院装饰工程设计有限公司
团 队 成 员：闫志刚　张涛（项目负责）孙霆　王立刚　田天　刘航航（室内）　谭晓明　李玥（艺术品）
　　　　　　李朋（物料）　王森（机电）　马一兵（音视频）

全过程咨询单位：广州市城市规划勘测设计研究院有限公司
团 队 成 员：范跃虹　胡展鸿（项目负责）　张伟恩　黎明（建筑）　苏艳桃　容绍章（结构）　伍毅辉（电气）
　　　　　　蔡昌明（给水排水）　张湘辉（暖通）　周志强（智能化）　陈智斌（景观）

施 工 单 位：中国建筑第八工程局有限公司

园林施工单位：广州普邦园林股份有限公司

监 理 单 位：广州珠江监理咨询集团有限公司

勘 察 单 位：建材广州工程勘测院有限公司

造价咨询单位：永道工程咨询有限公司

　　　　　　广东飞腾工程咨询有限公司

结 构 顾 问：广州容柏生建筑结构设计事务所

运 营 顾 问：北京北辰时代会展有限公司

声 学 顾 问：中广电广播电影电视设计研究院有限公司

图书在版编目（CIP）数据

云山叠景：广州白云国际会议中心国际会堂 / 越秀集团编著 . -- 北京：中国建筑工业出版社，2024.8.
（广州白云国际会议中心国际会堂及配套工程系列丛书）.
ISBN 978-7-112-30340-3

Ⅰ. TU242.1

中国国家版本馆 CIP 数据核字第 2024G94W81 号

责任编辑：孙书妍　李玲洁
责任校对：张　颖

广州白云国际会议中心国际会堂及配套工程系列丛书
云山叠景
广州白云国际会议中心国际会堂

越秀集团　编著

*

中国建筑工业出版社出版、发行（北京海淀三里河路 9 号）
各地新华书店、建筑书店经销
北京海视强森图文设计有限公司制版
北京富诚彩色印刷有限公司印刷

*

开本：965 毫米 ×1270 毫米　1/16　印张：11¾　字数：397 千字
2024 年 12 月第一版　2024 年 12 月第一次印刷
定价：**258.00** 元
ISBN 978-7-112-30340-3
　　（43101）

版权所有　翻印必究
如有内容及印装质量问题，请联系本社读者服务中心退换
电话：（010）58337283　　QQ：2885381756
（地址：北京海淀三里河路 9 号中国建筑工业出版社 604 室　邮政编码：100037）